ISW 55

Berichte aus dem Institut für Steuerungstechnik
der Werkzeugmaschinen und Fertigungseinrichtungen
der Universität Stuttgart

Herausgegeben von Prof. Dr.-Ing. G. Stute †

K.-H. RIEGER

Rechnerunterstützte Projektierung der Hardware und Software von speicherprogrammierten Steuerungen

Springer-Verlag
Berlin · Heidelberg · New York · Tokyo

D 93

Mit 51 Abbildungen

ISBN-13: 978-3-540-15069-5   e-ISBN-13: 978-3-642-82414-2
DOI: 10.1007/978-3-642-82414-2

Geleitwort des Herausgebers

Das Institut für Steuerungstechnik der Werkzeugmaschinen und Fertigungseinrichtungen der Universität Stuttgart befaßt sich mit den neuen Entwicklungen der
Werkzeugmaschinen und anderen Fertigungseinrichtungen, die insbesondere durch
den erhöhten Anteil der Steuerungstechnik an den Gesamtanlagen gekennzeichnet
sind. Dabei stehen die numerisch gesteuerten Werkzeugmaschinen in Programmierung, Steuerung, Konstruktion und Arbeitseinsatz sowie die vermehrte Verwendung des Digitalrechners in Konstruktion und Fertigung im Vordergrund des In-
teresses.

Im Rahmen dieser Buchreihe sollen in zwangloser Folge drei bis fünf Berichte pro
Jahr erscheinen, in welchen über einzelne Forschungsarbeiten berichtet wird. Vor-
zugsweise kommen hierbei Forschungsergebnisse, Dissertationen, Vorlesungsmanu-
skripte und Seminarausarbeitungen zur Veröffentlichung.

Diese Berichte sollen dem in der Praxis stehenden Ingenieur zur Weiterbildung
dienen und helfen, Aufgaben auf diesem Gebiet der Steuerungstechnik zu lösen.
Der Studierende kann mit diesen Berichten sein Wissen vertiefen.

Unter dem Gesichtspunkt einer schnellen und kostengünstigen Drucklegung wird
auf besondere Ausstattung verzichtet und die Buchreihe im Fotodruck hergestellt.

Der Herausgeber dankt dem Springer-Verlag für Hinweise zur äußeren Gestaltung
und Übernahme des Buchvertriebs.

<u>Vorwort</u>

Die vorliegende Arbeit entstand während meiner Tätigkeit als
wissenschaftlicher Mitarbeiter am Institut für Steuerungstechnik der Werkzeugmaschinen und Fertigungseinrichtungen der
Universität Stuttgart.

Dem verstorbenen Institutsleiter, Herrn Professor Dr.-Ing.
G. Stute, gilt mein besonderer Dank für seine wohlwollende
Unterstützung und Förderung. Ebenso danke ich Herrn Professor
Dr.-Ing. A. Storr, unter dessen kommissarischer Instituts-
leitung ich die Promotion vollenden konnte. Seine eingehende
Durchsicht der Arbeit hat ganz wesentlich zu deren Gelingen
beigetragen.

Herrn Professor Dr.-Ing. P. Kühn danke ich für seine Bereitschaft, den Mitbericht zu übernehmen.

Darüber hinaus möchte ich mich bei allen Mitarbeitern des
Instituts bedanken, die durch kritische Hinweise und Diskus-
sionen wertvolle Anregungen zu meiner Arbeit geliefert haben.
Dieser Dank gilt insbesondere den Herren Dipl.-Ing. W. Renn
und Dr.-Ing. J. Schwager.

Karl-Heinz Rieger

Inhaltsverzeichnis

Abkürzungen, Bezeichnungen und Symbole

Abkürzungen

ADDIS	automatisches Design digitaler Strukturen
ALGOL	algorithmic language, höhere Programmiersprache
BCD	binary coded decimal
CAD	computer aided design, rechnerunterstützter Entwurf
CNC	computerized numerical control, numerische Steuerung mit integriertem Rechner
COMMON	global vereinbarter Speicherbereich
DIN	Deutsches Institut für Normung e.V.
DNF	disjunktive Normalform
DV	Datenverarbeitung
DVA	Datenverarbeitungsanlage
EA	Ein-, Ausgabe
EPROM	erasable programmable read only memory
EPW	Effekt-Pegel-Wert
FORTRAN	formula translation, höhere Programmiersprache
HGF	Hochschulgruppe Fertigungstechnik
ISW	Institut für Steuerungstechnik der Werkzeugmaschinen und Fertigungseinrichtungen
MINBOS	Programmsystem zur Logiksynthese und Minimierung
NC	numerical control, numerische Steuerung
PC	programmable controller, speicherprogrammierte Steuerung
PG4	Programmsystem zur rechnergestützten Softwareerstellung
PL/1	programming language/1, höhere Programmiersprache
PROM	programmable read only memory
RAM	random access memory
RENEST	rechnerunterstützter Entwurf elektrischer Steuerungen
RENDIS	rechnergestützter Entwurf digitaler Steuerungen
REKONE	rechnerunterstützte Konstruktion elektrischer Vorschubantriebe

SPS	speicherprogrammierte Steuerung
VDE	Verband Deutscher Elektrotechniker e.V.
VDI	Verein Deutscher Ingenieure e.V.
VDW	Verein Deutscher Werkzeugmaschinenfabriken e.V.
VDMA	Verein Deutscher Maschinenbau-Anstalten e.V.
VPS	verbindungsprogrammierte Steuerung

Bezeichnungen

A	Assemblierer
AAR	Aussprungadressenregister
a_{FE}	Anzahl der Funktionseinheiten
a_I	Anzahl der Initialisierungsbedingungen
alt_i	Variable zur Unterscheidung alternativer SPS-Programmsegmente
$ATYP$	Anweisungstyp
$a_{\ddot{u}}$	Anzahl der Übergangsbedingungen
AZ	Anweisungszähler
B	Binder
BA	Busanschaltung
BAR	Binärakkumulatorregister
$baust_i$	Marke zur Vereinbarung des Bausteinbeginns
BB	Bausteinbibliothek
BOR	Binäroperandenregister
BS	Basissprache
d, d_i	Anzahl der benötigten Speicherplätze
D_i	Betrachtungseinheiten der Datei D
e	Anzahl der baulichen Einrichtungen einer SPS
E	Eingabeübersetzer
ETX	end of text, Steuerzeichen
EXT	externer, d. h. nicht im Programmsystem integrierter Programmbaustein
f	Anzahl der untergeordneten Fundamentalausdrücke
F	Formatierer
F_i	untergeordneter Fundamentalausdruck
FZ_i	Fundamentalausdruckszeiger

GS	Gerätesprache
HPE_i	Hardwareprojektierungsebene
i	ganzzahlige Indexvariable
j	ganzzahlige Indexvariable
JK	Junktorenkennung
JR	Junktorenregister
k	ganzzahlige Indexvariable
K	Kompilierer
K1...K6	formale Benennung von Übergangsbedingungen
l_B	maximale Anzahl an SPS-Primärbaugruppen speziell: l_E, l_A bei Ein- Ausgabebaugruppen
L_B	benötigte Anzahl an SPS-Primärbaugruppen
LZ	Leerzeichen
m_B	maximale Anzahl an Sekundärbaugruppen je Primär- baugruppe
M_B	benötigte Anzahl an Sekundärbaugruppen
$mark_i$	Marke zur Vereinbarung des Sprungziels
MS	Maschinensprache
n	ganzzahliger Höchstwert
n_B	maximale Anzahl an signalführenden Baugliedern je Sekundärbaugruppe
N_B	benötigte Anzahl an signalführenden Baugliedern
OZ	Operationszeichen
p	Programmadresse
PS	Projektierungssprache
QBED	Hilfsvariable zur Zwischenspeicherung des Ver- knüpfungsergebnisses einer Schaltbedingung
QINIT	Hilfsvariable zur Inhibition der Initialisierungs- bedingungen
r	Hardwarereserveanteil
S_i	Zustände eines Schaltwerks
Si.j...n	Segmentnumerierung
SA	Signalaufbereitung
SBA	Satzbasisadresse
SPE_i	Softwareprojektierungsebene
SS	Schnittstellensprache
SU	Signalumformung

SZ	Steuerzeichen
S0 , S2	Standardnamen für stationäre Zustände einer energetisch bestimmten Funktionseinheit
t	Typ einer SPS-Baugruppe
TZ	Trennzeichen
T1 , T2	Standardnamen für temporäre Zustände einer energetisch bestimmten Funktionseinheit
u	mittlere Anzahl der wegführenden Übergänge je Zustand
Ü	Übersetzer
$\ddot{U}B_{ij}$	Übergangsbedingung
$\ddot{u}bed_{ij}$	Variable mit Wert der Übergangsbedingung $\ddot{U}B_{ij}$
$\ddot{U}L_{i,j}$	Datenelement der Übergangsliste
v	Anzahl der Variablen
VK_i	Variablenkennung
X, X_i	Eingangssignal eines Schaltsystems
Y, Y_i	Ausgangssignal eines Schaltsystems
z	Anzahl der Zustände
Z, Z_i	internes Signal eines Schaltsystems
ZER	Zwischenergebnisregister
$zust_i$	Zustandsvariable zu S_i
$ZK_{i,j}$	Zustandskennung
α_i	allgemeines Symbol
$\alpha_E \ \alpha_K$	Eingabesymbol, Kellersymbol
β	Boolescher Ausdruck
Γ	Grammatik
ε	elementarer Boolescher Ausdruck
$\varkappa$	konjunktiver Boolescher Ausdruck
μ	allgemeines Metasymbol
μ_0	Satzsymbol
M	Alphabet der Metasymbole
π	Prioritätsrelation
P	Regelsystem einer Grammatik
Σ	Alphabet der Grundsymbole
ω	Symbolkette bestehend aus Grund- und Metasymbolen
Ω	Menge der Basisoperationen

<u>Symbole</u>

$\in$	Element von
$\setminus$	Differenz zweier Mengen
{ }	Mengenklammern
$<$	kleiner
$\leqq$	kleiner oder gleich
$\geqq$	größer oder gleich
$\lceil x \rceil$	kleinste ganze Zahl $\geqq$ x
$\longrightarrow$	Erzeugung
$\lessdot$	niedrigerrangig
$\doteq$	gleichrangig
$\gtrdot$	höherrangig
$\dashv\ \vdash$	Anfangs- und Endbegrenzung
( )	öffnende und schließende Klammer
$\wedge$	Konjunktion
$\vee$	Disjunktion
$\overline{}$	Negation
$\bar{\vee}$	NOR-Verknüpfung
$\dashv\!\!\mid\!\!\vdash$	Antivalenz

1 Einleitung

Die Entwicklung neuartiger Steuerungsgeräte hat die technischen und wirtschaftlichen Möglichkeiten zur Automatisierung in der industriellen Fertigung in den zurückliegenden Jahren entscheidend verbessert. Umfangreiche und schwierige Problemstellungen können heute zu vertretbaren Kosten gelöst werden. In der Handhabung sind die Geräte flexibler und im Einsatz zuverlässiger als früher. Sie lassen sich außerdem auf kleinerem Raum unterbringen.

Die genannten Vorteile gelten insbesondere für speicherprogrammierte Steuerungen (SPS). Man versteht darunter universelle Geräte zur Beeinflussung der mechanischen Glieder einer Produktionsanlage, die vom Anwender für die jeweilige Steuerungsaufgabe programmiert werden können. Ihr funktioneller Aufbau ähnelt dem eines Digitalrechners /1/ (Bild 1-1).

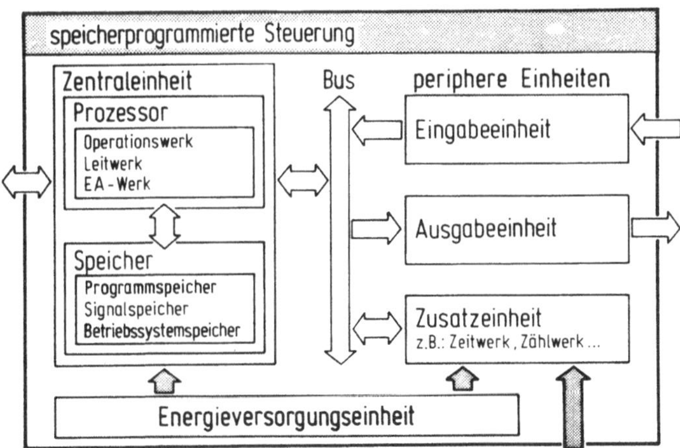

Bild 1-1: Funktioneller Aufbau einer speicherprogrammierten Steuerung

Ein ganz typisches Merkmal ist das zyklisch sequentielle Arbeitsprinzip, bei dem alle Funktionen in eine Serie von Einzeloperationen aufgelöst und vom Prozessor nacheinander ausgeführt werden. Die Aktionsfolge wird in kurzen Zeitabständen fortwährend wiederholt, so daß bei sich verändernden Gebersignalen ein schnelles Reagieren gewährleistet ist (Richtwert nach /2/ ca. 10 ms).

Speicherprogrammierte Steuerungen sind von vielen Herstellern in verschiedenartigen Ausführungen entwickelt worden. Sie waren zunächst nur für den Einsatz bei Großanlagen vorgesehen, wie etwa den Transferstraßen in der Serienfertigung. Seit einiger Zeit gibt es aber auch Geräte, die für den typischen Funktionsumfang einer Einzelwerkzeugmaschine ausgelegt sind und in der Anwendung keine höheren Kosten verursachen als eine herkömmliche Relais- oder Schützensteuerung /3/. Einer breiten Einführung stehen vornehmlich noch die Schwierigkeiten entgegen, die sich auf Grund der kaum zu überblickenden Gerätevielfalt beim Projektieren ergeben.

Zwei kurze Hinweise verdeutlichen die Problematik:
Zum einen verlangt jeder Wechsel des Steuerungsfabrikats vom projektierenden Personal eine hohe Bereitschaft und Fähigkeit zum Umlernen, denn die Steuerungen unterscheiden sich sowohl in der baulichen Ausführung der einzelnen Funktionseinheiten, als auch in den dazugehörigen SPS-Programmiersprachen sehr stark. Zum anderen scheuen die Steuerungsanwender bei den seltener eingesetzten Typen die beträchtlichen Anschaffungskosten für leistungsfähige Programmiereinrichtungen und begnügen sich stattdessen mit dem Kauf einfacherer, nur mühsam zu bedienender Geräte.

Die angeführten Schwierigkeiten ziehen eine Reihe unerwünschter Auswirkungen nach sich, wie etwa eine längere Entwicklungsdauer, eine uneinheitliche Dokumentation sowie weniger zuverlässige Steuerungsprogramme. Sie können auf Dauer nicht einfach hingenommen werden.

Eine erfolgversprechende Gegenmaßnahme ist in der Einrichtung
von CAD-Arbeitsplätzen (computer aided design) zu sehen.
Diese ermöglichen eine einheitliche und rationelle Projektierung. Der Steuerungstechniker wird bei vielen schematischen
Arbeiten entlastet; er kann sich ganz den eigentlich schöpfe-
rischen Tätigkeiten zuwenden. Die Bedienung wird komfortabler
und für alle SPS-Fabrikate gleich. Schließlich lassen sich
die Unterlagen, die zum Aufbau und zur Inbetriebnahme einer
jeden speicherprogrammierten Steuerung nötig sind, rascher
erarbeiten.

Die Schaffung solch günstiger Arbeitsbedingungen setzt zwei
Dinge voraus: Zum einen muß ein unmittelbarer Zugang auf eine
elektronische Datenverarbeitungsanlage bestehen, zum anderen
ist ein auf die Aufgabe zugeschnittenes Programmsystem
bereitzustellen.

Das Ziel dieser Arbeit ist die Entwicklung eines Programmsystems, mit dessen Hilfe man sowohl die Hardware als auch
die Software von speicherprogrammierten Steuerungen unterschiedlicher Hersteller rechnerunterstützt projektieren
kann. Folgende Anforderungen sind dabei zu berücksichtigen:
Der Entwicklungsaufwand soll möglichst gering bleiben, das
Programmsystem muß auch später noch erweiterungsfähig sein
und es muß schließlich aus wirtschaftlichen Gründen auf
Rechnern der mittleren Datentechnik lauffähig sein.

2 Projektierung speicherprogrammierter Steuerungen

In der Steuerungstechnik verwendet man den Ausdruck "Projektierung" üblicherweise als Oberbegriff für alle Entwicklungstätigkeiten, die zum Aufbau einer betriebsbereiten Steuerungseinrichtung erforderlich sind; angefangen bei der groben Konzeption bis hin zur detaillierten Ausarbeitung der Fertigungsunterlagen /4/. Die Arbeiten erstrecken sich sowohl auf die Auswahl, Auslegung und Gestaltung der gesamten Steuerungshardware als auch auf den Entwurf, die Optimierung und gerätespezifische Anpassung der zugehörigen Software. Es zählen darüberhinaus auch alle Prüfmaßnahmen und Tests dazu sowie die Beseitigung der dabei aufgedeckten Schwachstellen bzw. Fehler. Die Projektierung ist in erster Linie ein Informationsverarbeitungsprozeß; bei den genannten Aufgaben müssen technische Daten erfaßt, aufbereitet, umgewandelt, ausgewertet und schließlich dokumentiert werden.

In den folgenden Abschnitten wird zunächst der betrachtete SPS-Anwendungsbereich abgegrenzt und die dazugehörige Aufgabenstellung angegeben, um daran anschließend die gegenwärtige Situation bei der Steuerungsprojektierung untersuchen zu können. Es werden weiterhin Möglichkeiten für eine bessere und schnellere Arbeitsabwicklung aufgezeigt.

2.1 Anwendungsbereich speicherprogrammierter Steuerungen

Die hier angestellten Betrachtungen konzentrieren sich auf typische Anwendungen speicherprogrammierter Steuerungsgeräte in der industriellen Fertigungstechnik. Diese reichen von der Serienwerkzeugmaschine bis zur Sondermaschine, vom Bearbeitungszentrum bis zur Transferstraße und sie umfassen schließlich noch die Hilfseinrichtungen, wie zum Beispiel universelle Handhabungssysteme, spezielle Werkzeug- bzw. Werkstücktransportgeräte oder Automaten für Meß- und Prüfzwecke.

Die Geräte übernehmen im allgemeinen die Aufgaben der Funktionssteuerung /5/, d.h. sie verknüpfen die eingegebenen Signale untereinander und erzeugen daraus unter Berücksichtigung des augenblicklichen Anlagenzustands eine geordnete Folge von Stellbefehlen. Zusätzlich verwirklichte Sicherheitsmaßnahmen /6,7/ schützen die Menschen und die technischen Betriebsmittel, indem sie die von Fehlbedienungen und Funktionsstörungen möglicherweise ausgehenden Gefahren abwenden.

Die Verarbeitung werkstückspezifischer Steuerdaten, die zur Erzeugung der Lageführungsgrößen für die Achsantriebe und zur Vorgabe der einzuhaltenden Arbeitsbedingungen dienen /8/, wird in der Regel einer übergeordneten numerischen Steuerung übertragen. Es gibt aber auch Fälle, in denen man diese Aufgaben in die speicherprogammierte Steuerung hineinverlagert. Wenn beispielsweise immer nur gleichartige oder sehr ähnliche Teile zu fertigen sind und auf Grund einfacher geometrischer Verhältnisse für die Vorschübe eine Einstellung im Punkt- oder Streckensteuerungsmodus /9/ genügt, dann lassen sich die Werkstückbearbeitungsprogamme in Form einer Ablaufkette /10/ darstellen. Sie können somit als ein Bestandteil des SPS-Programms verwirklicht werden.

Speicherprogrammierte Steuerungen sind hinsichtlich ihrer Wirkungsweise den Schaltssystemen /11/ (Bild 2-1) zuzurechnen, denn sie verarbeiten grundsätzlich nur diskret dargestellte Steuerinformationen. Das Schwergewicht liegt dabei

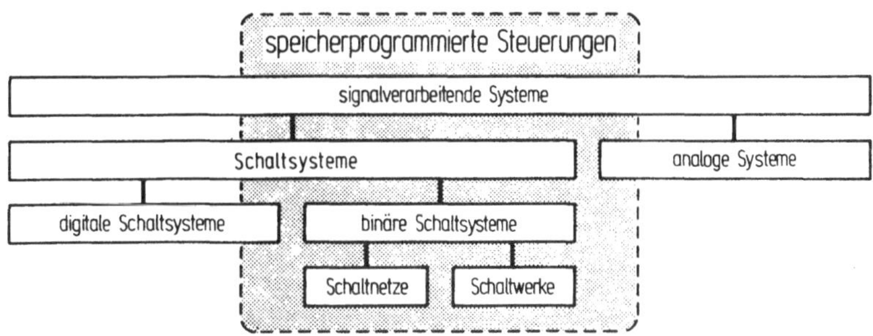

Bild 2-1: Strukturelle Einordnung von speicherprogrammierten Steuerungen

auf der Verknüpfung und Speicherung binärer Signale. Die Zahl der angeschlossenen Signalleitungen hängt von der Anlagengröße ab. Sie liegt zwischen einem Dutzend und mehreren hundert. Die Verarbeitungstiefe (Anzahl der signalverarbeitenden Grundfunktionen bezogen auf die Summe der Ein- und Ausgänge) /10/ bleibt erfahrungsgemäß kleiner als zehn und überschreitet diesen Wert nur bei Hinzunahme zusätzlicher Funktionen, wie etwa einer Betriebsmittelüberwachung oder einer Betriebsdatenerfassung. Die Verarbeitung digitaler Informationen - sofern überhaupt möglich - beschränkt sich auf einfache Operationen, wie etwa Codewandlung, Zahlenvergleich oder Festpunktarithmetik. Analoge Signale können nur über stetig wirkende Anpassungsglieder mit einbezogen werden.

2.2 Projektierungsaufgaben

Bei der SPS-Projektierung sind, wie bereits erwähnt, zwei Aufgabenkomplexe zu behandeln (Bild 2-2):

    a) die Festlegung der Steuerungshardware;
    b) die Erstellung der Steuerungssoftware.

Die Konzeption der Steuerungshardware hat weitreichende Auswirkungen auf alle übrigen Arbeiten und muß deshalb gründlich durchdacht werden. Ausgehend von einer Anforderungsliste, in der Umfang und Schwierigkeitsgrad der auszuführenden Funktionen niedergelegt sind, gilt es, eine Grundsatzentscheidung über das einzusetzende Steuerungsfabrikat und den Typ zu treffen. Neben den rein technischen Gesichtspunkten spielen dabei auch wirtschaftliche und organisatorische Überlegungen eine wichtige Rolle.

Eine weitere Aufgabe ist die SPS-Konfiguration. Sie hat die Zusammenstellung der einzelnen, verfügbaren SPS-Baugruppen (Zentraleinheit sowie die verschiedenen peripheren Einheiten) zu einem funktionsgerechten Steuerungsgerät zum Ziel. Bei der Auswahl der Zentraleinheit interessieren vor allem die vor-

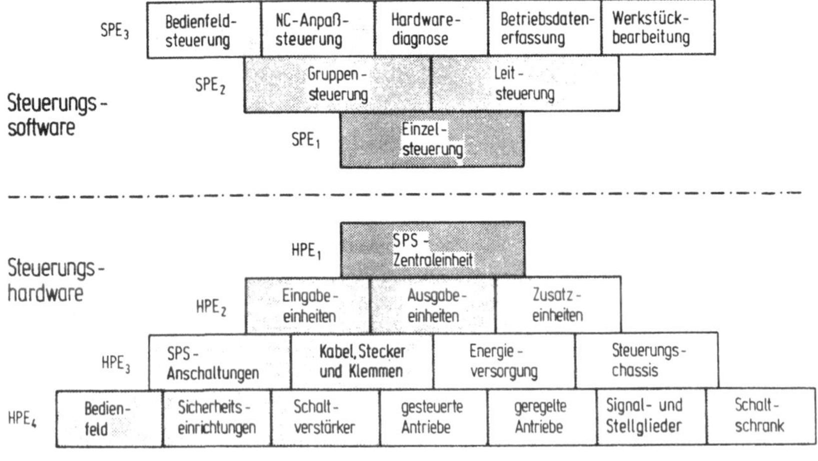

Bild 2-2: Aufgabengebiete bei der SPS-Projektierung

aussichtliche Programmlänge und die Anforderungen an das Zeitverhalten. Zur Auslegung der peripheren Einheiten genügt es, den Bedarf an Ein- und Ausgängen bzw. Zusatzfunktionsgliedern zahlenmäßig zu erfassen und die einzuhaltenden Leistungsdaten, wie Betriebsspannung, Belastbarkeit, Kurzschlußverhalten etc., festzulegen.

Mitunter sind auch noch ergänzende SPS-Anschaltungen vorzusehen, wie etwa eine Datenübertragungseinrichtung zur Ankopplung eines Rechners oder aber eine Ansteuereinheit für einen einachsigen, lagegeregelten Vorschubantrieb. Eine Energieversorgung ist in jedem Fall einzuplanen und entsprechend zu dimensionieren. Für den Zusammenbau des Steuerungsgeräts benötigt man schließlich noch ein Gehäuse bzw. Chassis sowie verschiedene Befestigungs- und Anschlußmaterialien. Alle übrigen steuerungstechnischen Einrichtungen gehören nicht zur SPS-Hardware. Auf ihre Projektierung wird in dieser Abhandlung nicht weiter eingegangen.

Ein letzter Punkt ist die Planung der Signalisierung /10/ zwischen Anlage und Steuerung. Für die Montage ist der Verdrahtungsplan zu erstellen, in dem die Verbindungen mit der genauen Bezeichnung der Signal- bzw. Stellglieder, Kabel, Leitungen, Stecker und Klemmen niedergelegt sind. Für die Programmierung benötigt man darüber hinaus den Signalbelegungsplan, um die externen Signale den internen Signaladressen zuordnen zu können.

Der zweite Aufgabenkomplex, die Entwicklung der Steuerungssoftware, ist von der Hardwareprojektierung weitgehend unabhängig. Die geforderte Funktionsweise unter verschiedenen Betriebsbedingungen ist zu klären und in eindeutiger Form festzuschreiben. Ferner sollte eine Gliederung der Gesamtaufgabe unter funktionalen und hierarchischen Gesichtspunkten erarbeitet werden.

Die größten Anstrengungen erfordert wohl der theoretische Entwurf eines aussagekräftigen Steuerungsmodells in der Form eines Schaltsystems. Für die einzelnen Teilfunktionen werden dabei jeweils eigenständige Schaltnetze bzw. Schaltwerke hergeleitet. Die Beschreibung des Schaltsystems erstreckt sich auf die verschiedenen Ebenen der eigentlichen Anlagensteuerung (Einzel-, Gruppen-, Leitsteuerung), gegebenenfalls auch auf die Schnittstellenaufbereitung (Bedienfeld- und NC-Anpaßsteuerung), die Vorgabe der Werkstückbearbeitung bzw. -handhabung und die Übernahme zusätzlicher Dienste (Überwachung, Datenaufzeichnung etc.).

Die Art der Darstellung kann technologieneutral sein, d. h. sie braucht weder die Beschränkungen noch die außergewöhnlichen Leistungsmerkmale eines bestimmten Steuerungsgeräts zu berücksichtigen. Spätestens bei der Übersetzung der Schaltsystembeschreibung in ein implementierungsfähiges SPS-Programm müssen jedoch die fabrikatspezifischen Besonderheiten, die in den Syntaxvorschriften der SPS-Programmiersprache (Gerätesprache) zum Ausdruck kommen, beachtet werden.

2.3 Herkömmliche SPS-Projektierung

Bei der Projektierung speicherprogrammierter Steuerungen herrscht heute noch die manuelle Arbeitsweise vor. Auf Seiten der Steuerungshardware sind zum Teil umfangreiche Listen und Pläne zu erstellen. Die Arbeiten sind zwar einfach, aber dennoch sehr zeitaufwendig. Ihre Abwicklung geschieht nach einem festen Schema. Geringfügige, nachträgliche Änderungen haben weitreichende Auswirkungen und werden daher nach Möglichkeit vermieden. Es gibt für diese Aufgaben bisher nur bescheidene Ansätze zur Rationalisierung, wie etwa die Verwendung von Formblättern.

Bei der Software sieht es ähnlich aus. Für die Konzeption und den theoretischen Entwurf gibt es in der Regel keine unterstützenden Arbeitsmittel. Auch werden in der gegenwärtigen Praxis systematische Entwurfsverfahren, wie sie die Automatentheorie /12,13,14/ schon lange bereithält, nur in Ausnahmefällen berücksichtigt, da sie von Hand schwer zu beherrschen sind und ihre Anwendung viel Zeit beansprucht. Es ist üblich, beim Entwurf wie bei der herkömmlichen Relaistechnik vorzugehen. Durch Zusammenstellung der bekannten Grundschaltungen (Reihen- bzw. Parallelschaltung, Selbsthaltung und Verriegelung) wird nach und nach ein Steuerungsmodell entwickelt. Dessen Qualität hängt in erster Linie von der Intuition und Erfahrung des Konstrukteurs ab. Nachteilig an dieser Vorgehensweise ist, daß der Überblick über das Gesamtverhalten der Steuerung und damit auch die Entscheidung über deren Richtigkeit sehr erschwert ist, werden doch bei der Darstellung weder funktionale noch strukturelle Eigenschaften berücksichtigt /15/.

Eine echte Entlastung von Routinearbeiten gibt es bislang nur bei der sich anschließenden Programmerstellung und Dokumentation. Die Schaltsystembeschreibung wird in der SPS-spezifischen Gerätesprache formuliert und über eine Tastatur in ein Programmiergerät /16/ eingegeben. Dieses übersetzt dann eine

Steuerungsanweisung nach der anderen in die binär codierte
SPS-Maschinensprache, schreibt sie in den Programmspeicher
der Steuerung und protokolliert sie, sofern ein Druckeran-
schluß vorhanden ist, in Form einer Liste oder eines stili-
sierten Schaltplans. Eine zweite, weniger gebräuchliche Möglichkeit zur Sprachübersetzung besteht in der Verwendung
eines auf einem Universalrechner installierten Assemblierers
/17/.

Bei den Gerätesprachen gibt es trotz intensiver Normungsan-
strengungen /18/ noch immer eine allzu große Vielfalt. Diese
bereitet dem Anwender unterschiedlicher Steuerungen oftmals
beträchtliche Schwierigkeiten. Eine unmittelbare Programmierung ist nämlich nur dann möglich, wenn das Darstellungsprinzip der Schaltsystembeschreibung mit dem der Gerätesprache (vgl. Abschnitt 3.2.1) übereinstimmt; in allen anderen Fällen muß die Vorlage erst noch entsprechend umge-
zeichnet werden.

Ein typisches Merkmal der herkömmlichen Softwareentwicklung
ist das betont iterative Vorgehen. Die einzelnen Zwischenergebnisse müssen des öfteren geändert werden. Eine genauere
Überprüfung des Entwurfs ist erst bei der Inbetriebnahme der
Anlage möglich. Alle dabei entdeckten Mängel müssen hernach
unter hohem Zeitdruck nachgebessert werden. Das ebenfalls
notwendige Überarbeiten der Dokumentation ist mühevoll. Eine
Bewertung der nach zeitlichen Anteilen geordneten Projektie-
rungstätigkeiten (Bild 2-3) ergibt, daß die meisten als
Routinearbeit einzustufen sind (informieren, zusammenstellen,

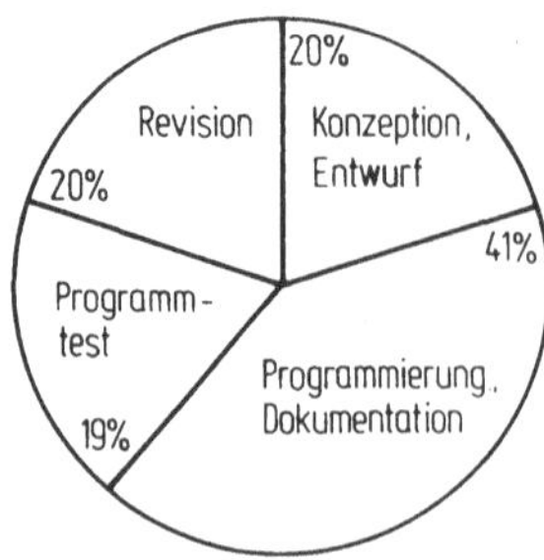

<u>Bild 2-3:</u>
Aufwandsverteilung bei her-
kömmlicher Erstellung der
Steuerungssoftware nach /19/

skizzieren, suchen, modifizieren etc.) und nur wenige das Prädikat "schöpferisch" verdienen.

2.4 Möglichkeiten zur rationelleren Arbeitsabwicklung

An die Steuerungsprojektierung werden hohe Ansprüche gestellt. Sie lassen sich mit folgenden fünf Begriffen grob umreißen:

- Komplexität
- Qualitätsniveau
- Flexibilität
- Entwicklungsdauer
- Wirtschaftlichkeit

Bei der herkömmlichen Steuerungsprojektierung können die gestellten Anforderungen oftmals nicht zufriedenstellend erfüllt werden. Angesichts der kleinen Losgrößen /20/ ist ein rationelleres Arbeiten dringend geboten. Mögliche Ansatzpunkte sind sowohl bei den Arbeitsmethoden als auch bei den Arbeitsmitteln auszumachen.

Bezüglich der Arbeitsmethoden können zwei Leitgedanken verfolgt werden /21/. Der eine erstrebt eine Standardisierung der Lösungen. Ihm zufolge ist ein modulares Baukastensystem einmalig zu erarbeiten. Der Entwurf wird auf diese Weise auf ein einfaches Zusammenstellen bewährter Komponenten zurückgeführt. Die Vorgehensweise ist kosten- und zeitgünstig, wenngleich nicht optimal und nur wenig anpassungsfähig.

Der zweite Gedanke hat eine systematische Entwicklungsstrategie zum Ziel, bei der der Gesamtentwurf in einzelne abgeschlossene Teile gegliedert wird. In Bild 2-4 wird ein entsprechendes Schema zur Projektierung speicherprogrammierter Steuerungen vorgeschlagen. Es führt auf gute Lösungen und gewährleistet eine schriftliche Dokumentation aller Zwischenergebnisse.

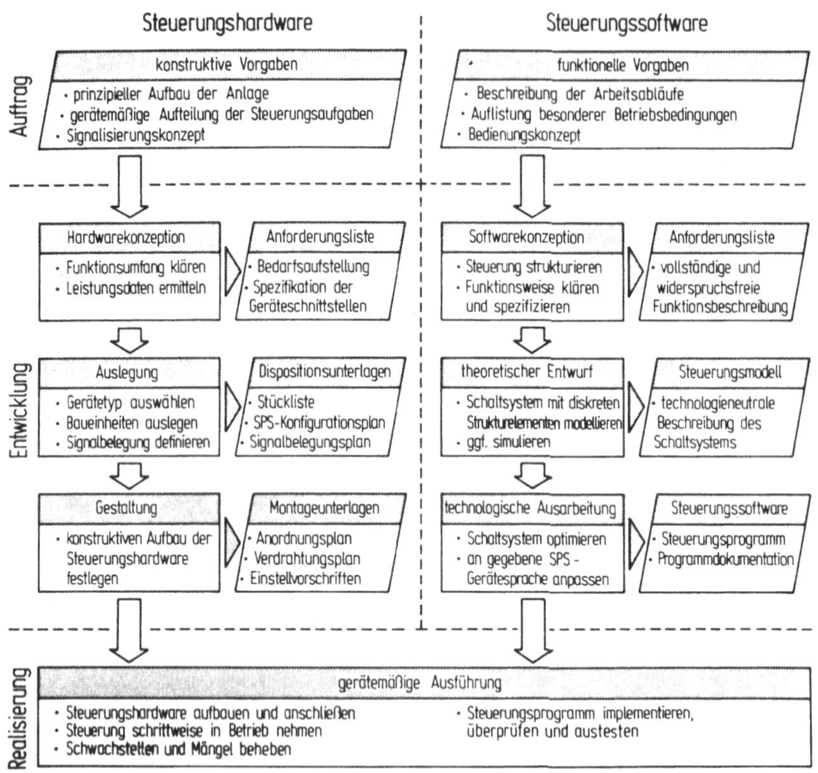

Bild 2-4: Vorgehensweise bei der Projektierung speicher-programmierter Steuerungen

Durch den Einsatz leistungsfähiger Arbeitsmittel ist eine flexiblere und raschere Projektierung möglich. Manchmal erreicht man schon mit einfachen Hilfsmitteln eine Verbesserung, wie etwa mit Formblättern und Klebebildsymbolen bei der Dokumentation. Im allgemeinen bringt jedoch erst die maschinelle Bearbeitung der schematischen, sich wiederholenden Aufgaben auf einer DV-Anlage den erhofften Rationalisierungseffekt. Voraussetzung hierfür ist eine Schulung der Konstrukteure, die Ausstattung der Arbeitsplätze mit direkt zugäng-

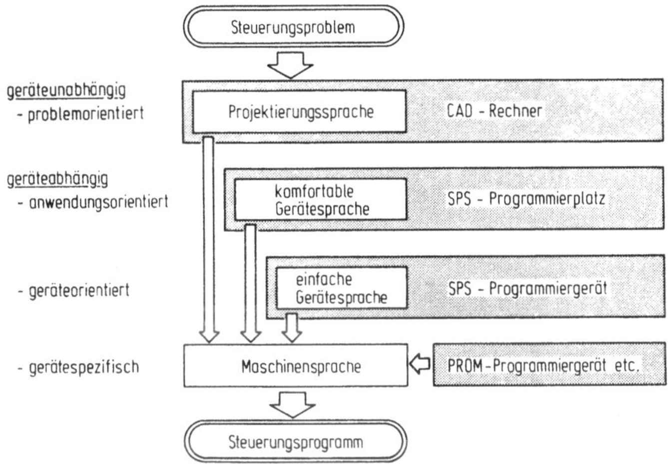

Bild 2-5: Arbeitsmittel zur Erstellung von Steuerungs-
programmen

licher Rechenkapazität (interaktive Bildschirmterminals oder
eigene Rechner) und schließlich die Schaffung einer zuge-
schnittenen Software.

Die Leistungsfähigkeit der einzelnen Arbeitsmethoden wird
natürlich sehr stark von der Art der zur Verfügung stehenden
Arbeitsmittel beeinflußt. Bild 2-5 verdeutlicht dies am
Beispiel der Sprachübersetzung.

2.5 Rechnerunterstützung bei der SPS-Projektierung

Die grundsätzliche Idee, wirksame Verfahren in Verbindung mit
einem Digitalrechner einzuführen, um die Projektierung von
speicherprogrammierten Steuerungen zu verbessern bzw. zu er-
leichtern, ist nicht neu und es sind auch schon an mehreren
Stellen - Universitäten, Steuerungshersteller und Steuerungsanwender - entsprechende CAD-Systeme realisiert worden.
Sie alle haben jedoch den Nachteil, daß je nach Interessen-
lage der Auftraggeber nur einzelne Teilprobleme des Entwick-
lungsbereichs abgedeckt werden (Bild 2-6, Spalte 1 bis 5).

	MINBOS /22/	RENDIS /23/	ADDIS /24/	PG4 /19/	VDW-Sprach-übersetzer /25/	RENEST
Anwendungsbereich						
Einzelausfertigung und Kleinserie	–	○	○	●	●	●
Verknüpfungssteuerung	●	●	●	○	○	○
Ablaufsteuerung	–	●	○	○	○	●
speicherprogrammierte Gerätetechnik	–	–	–	●	●	●
verschiedenartige SPS-Geräte	–	–	–	–	●	●
Rechnerausstattung						
Rechnergröße	mittel	groß	mittel	klein	klein	mittel
Programmiersprache	FORTRAN IV	PL/1, ALGOL 60			FORTRAN II	FORTRAN IV
Reichweite						
Steuerungshardware:						
Auslegung und Gestaltung	–	–	–	–	–	SPS-Konfiguration, Signalbelegung
Steuerungssoftware:						
Beschreibung der Steuerungsaufgabe	problemorientiert	problemorientiert	problemorientiert	geräteorientiert	geräteorientiert	problemorientiert
theoretischer Entwurf	Schaltnetze	Schaltnetze, Schaltwerke	–	standardisierte Bausteine	standardisierte Bausteine	Schaltwerke, stand. Bausteine
technologische Ausarbeitung	–	–	spezielle VPS	spezielle SPS	beliebige SPS	beliebige SPS
methodischer Ansatz						
Steuerungshardware:						
Standardkonstruktion	–	–	–	–	–	●
Steuerungssoftware:						
Sprachübersetzung	–	–	Kompilierer	Assemblierer	Assemblierer	Kompilierer
Baukastenkonstruktion (Bausteinbibliothek)	–	–	–	●	●	●
Neuentwicklung (Synthesealgorithmen)	–	●	–	–	–	●
Optimierung	●	●	●	–	–	○

– ungeeignet ○ geeignet ● sehr gut geeignet

Bild 2-6: Vergleich einiger CAD-Systeme hinsichtlich der Projektierung von Funktionssteuerungen

Die industrielle Praxis hat gezeigt, daß die Programme von den anwendungsbezogenen Entwicklern nicht angenommen werden. Die Ursache hierfür ist offensichtlich:

Für jeden einzelnen Arbeitsschritt sind umfangreiche Datenmengen in den Rechner einzugeben; der Aufwand steht in keinem vernünftigen Verhältnis zum Nutzen. Ein Verketten der vorhandenen Softwarepakete, wie es in /26/ vorgeschlagen wird, führt auch nicht zum Ziel, da die Strukturen inkompatibel und die Sprachkonzepte uneinheitlich sind. Man muß vielmehr ein weiterreichendes und möglichst durchgängiges Programmsystem konzipieren.

Am Institut für Steuerungstechnik der Werkzeugmaschinen und
Fertigungseinrichtungen der Universität Stuttgart ist auf
Grund dieser Überlegungen das CAD-System RENEST (Abkürzung
für: rechnerunterstützter Entwurf elektrischer Steuerungen)
entwickelt worden /27/. Seine wichtigsten Merkmale sind in
der letzten Spalte des Bildes 2-6 aufgelistet. Es ist in
erster Linie zur Projektierung speicherprogrammierter Steuerungen gedacht. Einer späteren Einbeziehung der verbindungsprogrammierten Technik auf der Basis elektromechanischer bzw.
kontaktloser, elektronischer Bausteine steht jedoch nichts im
Wege. Die entsprechenden Schnittstellen hierfür sind vorbe-
reitet. Das System ist auf die Bedürfnisse der fertigungs-
technischen Industrie - vor allem auf die des Werkzeugma-
schinenbaus - zugeschnitten und ist daher sowohl für den
Entwurf von Verknüpfungs- als auch von Ablaufsteuerungen /10/
gut geeignet.

Die Hauptvorzüge des Programmsystems RENEST sind seine Uni-
versalität und seine Reichweite. Mit ihm ist man nicht auf
SPS-Geräte eines bestimmten Fabrikats festgelegt, wie das
etwa bei den Programmiereinrichtungen der Steuerungshersteller /19/ der Fall ist; man kann es vielmehr beliebig
erweitern. Für jeden neu hinzukommenden SPS-Typ wird jeweils
nur ein sogenannter SPS-Postprozessor benötigt, d. h. ein
speziell angepaßtes Verarbeitungsprogramm. Dieses läßt sich
aus vorhandenen bzw. abgewandelten Programmoduln verhältnis-
mäßig leicht zusammenstellen.

Die Rechnerunterstützung umfaßt zum einen die gesamte Softwareentwicklung, d. h. sowohl den Neuentwurf als auch die
Einbindung standardisierter Programmbausteine. Zum anderen
erstreckt sie sich bei der Hardwareprojektierung auf alle
wichtigen Auslegungs- und Dimensionierungstätigkeiten bis zum
Niveau HPE$_3$ (Bild 2-2). Die darüber hinausgehenden Aufgaben
sind weitgehend in sich abgeschlossen; sie können zum Teil
mit eigenständigen Programmen angegangen werden, wie z. B.
die Auswahl der elektrischen Antriebe mit REKONE /28/.

Ein wichtiges Kennzeichen von RENEST ist die Bereitstellung einer Methode für den Entwurf von Schaltwerken. Man kann mit ihr, wie die Betrachtungen in /15/ zeigen, auch für komplexe Aufgabenstellungen übersichtliche und zuverlässige Lösungen herleiten. Auf die verschiedenen Möglichkeiten der formalen, mathematischen Beschreibung solcher Schaltwerke und die sich daraus ergebenden Konsequenzen für die gerätemäßige Verwirklichung ist bereits in /29/ ausführlich eingegangen worden.

Viele Fragen, die sich bei der Entwicklung und Realisierung des Programmsystems RENEST ergeben haben und in der eben zitierten Veröffentlichung noch unbeantwortet geblieben sind, werden in den folgenden Kapiteln dieser Arbeit eingehend erörtert. Sie betreffen vor allem die Untersuchung der bestehenden Randbedingungen, die Definition der grundlegenden Strukturen, die Herleitung der entsprechenden Verarbeitungsalgorithmen und schließlich deren rechentechnische Umsetzung.

3 Rahmenbedingungen für die Konzeption des Programmsystems

In einem ersten Schritt gilt es, die für die Konzeption des CAD-Systems maßgeblichen Anforderungen herauszufinden und zu bewerten. Die Betrachtungen haben sich auf zwei Punkte zu konzentrieren:

a) Die unterschiedlichen Steuerungsgeräte als das Objekt der Projektierung. Unter dem Aspekt der Softwareentwicklung interessieren hier vor allem die Gemeinsamkeiten bezüglich der Art der Signalverarbeitung; bei der Hardwareauslegung sind es die Ausführungsformen der peripheren Einheiten.

b) Die in Frage kommende Projektierungsmethode.

3.1 Unterschiede bei den Steuerungsgeräten und ihre Auswirkung auf die Projektierung

3.1.1 Aufbau und Wirkungsweise einer speicherprogrammierten Steuerung

Die SPS-Geräte der verschiedenen Hersteller sind in funktioneller Hinsicht alle gleich strukturiert (vgl. Bild 1-1, S. 13). Im Programmspeicher liegt das Steuerungsprogramm, oft auch SPS-Programm genannt. Der Signalspeicher wiederum enthält die aktuellen Anlagendaten. Seine Struktur hat auf die signalverarbeitenden Vorgänge Einfluß. Bei der Erstellung des SPS-Programms ist hierauf Rücksicht zu nehmen.

Der Prozessor koordiniert das Zusammenwirken der übrigen SPS-Funktionseinheiten. Er übernimmt die Steuerungsanweisungen aus dem Programmspeicher und führt sie nacheinander aus. Die peripheren Ein- und Ausgabeeinheiten sind für die Signalanpassung zuständig. Ihr Aufbau ist in Bild 3-1 dargestellt. Die Busanschaltung wertet die Adreß- und Steuersignale aus.

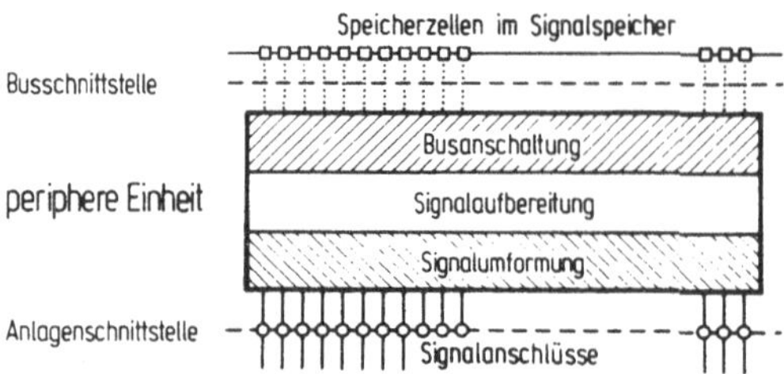

Bild 3-1: Funktioneller Aufbau der Ein- bzw. Ausgabeeinheiten

Auf der Seite der Anlagenschnittstelle befinden sich die Einrichtungen zur Signalumformung. Sie gleichen die bestehenden Unverträglichkeiten zwischen interner und externer Signaldarstellung aus. Der dazwischenliegende Bereich der Signalaufbereitung umfaßt schließlich Elemente zur Unterdrückung eventueller Störeinwirkungen und Signalwertanzeigeglieder.

Die peripheren Zusatzeinheiten übernehmen alle aus dem Prozessor ausgelagerten signalverarbeitenden Aufgaben. Zu ihnen gehören einfache Zeitglieder und Zählwerke, aber auch spezielle SPS-Anschaltungen.

3.1.2 Unterschiede bei der Signalverarbeitung

Vom Aufbau des Prozessors hängen Art und Anzahl der Operationen einer speicherprogrammierten Steuerung ab. Sie allein entscheiden über die Möglichkeiten der programmäßigen Darstellung eines Schaltsystems und haben insofern einen großen Einfluß auf die Konzeption des CAD-Programmsystems.

3.1.2.1 Operationen und Steuerungsanweisungen

Operationen sind elementare Steuerungsfunktionen, die der Prozessor selbständig ausführen kann, wie etwa die Verknüpfung binärer Signale oder das Setzen eines Merkers. Eine

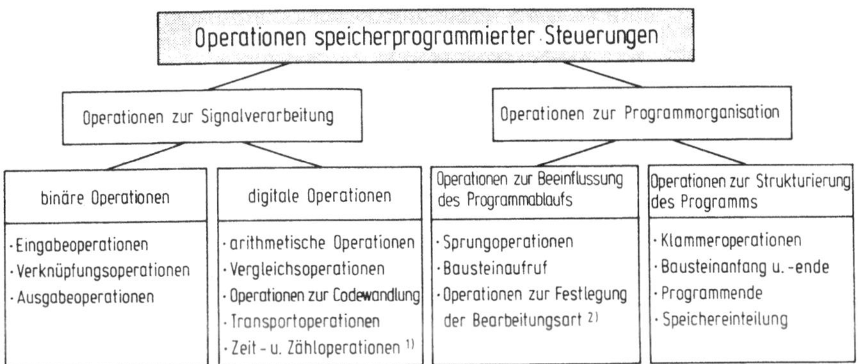

Bild 3-2: Einteilung der Operationen speicherprogrammierter Steuerungen

systematische Einteilung zeigt Bild 3-2. Die Menge aller in einem Prozessor realisierten Operationen bezeichnet man als Operationsvorrat.

Die Operationen werden mit Hilfe von Steuerungsanweisungen aktiviert, den kleinstmöglichen Teilen einer Arbeitsvorschrift. Diese sind im jeweiligen Zusammenhang, wie auch im Sinne der benutzten Sprache abgeschlossen und umfassen gegebenenfalls auch noch die zugehörigen Daten. Jede Steuerungsanweisung setzt sich aus Operationsteil und Operandenteil zusammen. Letzterer kann je nach Registerausstattung einen oder mehrere Operanden spezifizieren. Man unterscheidet dementsprechend zwischen Einadreß- und Mehradreßanweisungen. Die meisten SPS-Hersteller bevorzugen das Einadreßkonzept. Die DIN 19 239 /18/ unterstreicht diesen Trend durch eine gleichlautende Festsetzung. Der Operand besteht aus einem Operandenkennzeichen und einem Parameter. Er beschreibt eine Signaladresse, Programmadresse oder einen konstanten Wert.

Zur Darstellung der Steuerungsanweisungen gibt es entsprechend dem Sprachniveau zwei verschiedene Formen:

- die binär codierte Notation (Maschinensprache) und
- die symbolische Notation (Gerätesprache).

Bei der symbolischen Beschreibung ist der Operationsteil durch eine mnemonisch günstige Zeichenkombination oder ein graphisches Sinnbild gekennzeichnet. Der Operand wird je nach Anwendungskomfort mit einem absoluten Zahlenwert oder mit einem sinnfälligen Namen angesprochen.

3.1.2.2 Bewertung des Operationsvorrats

Die Konzeption der CAD-Programmbausteine zur Übersetzung der Schaltsystembeschreibung in eine bestimmte Maschinensprache (vgl. Abschnitt 4.2) ist immer an Randbedingungen gebunden, die sich aus dem jeweiligen SPS-Operationsvorrat ergeben. Dieser muß deshalb vorab genauer untersucht werden.

Ein erster wichtiger Punkt betrifft die Leistungsfähigkeit der Operationen. Sie beeinflußt unmittelbar den Aufwand für die Übersetzungsprogramme. Die einfachen Steuerungsgeräte verfügen in der Regel nur über die wichtigsten Standardoperationen. Diese sind so gewählt, daß man damit zumindest beliebige binäre Verknüpfungsvorschriften darstellen kann. Bei komplexen Steuerungsaufgaben ergeben sich jedoch mitunter recht umständliche Lösungen. Die Geräte der oberen Leistungs- und Preisklasse bieten demgegenüber zusätzliche, problemorientierte Funktionen. Sie sind dadurch an spezielle Aufgabenstellungen leichter anzupassen und ermöglichen kürzere, übersichtlichere und schnellere SPS-Programme. Eine quantitative Beurteilung der Leistungsfähigkeit ist mit Hilfe von Leistungskennzahlen, wie z. B. dem in /30/ definierten Speicherbelegungsfaktor oder über typische Standardaufgaben /2/ (benchmark test) abzugeben.

Ein zweites Bewertungskriterium ist die Anwendungsfreundlichkeit. Unter diesem Begriff werden mehrere qualitative Merkmale zusammengefaßt, wie z. B. die Realisierungsunabhängig-

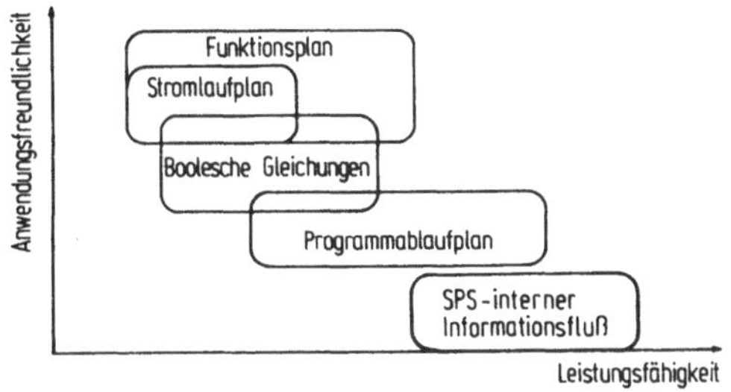

<u>Bild 3-3:</u> Anwendungsfreundlichkeit und Leistungsfähigkeit
verschiedener Gerätesprachklassen

keit, Übertragbarkeit, Strukturierbarkeit oder die Erlernbar-
keit, Anschaulichkeit und Handhabbarkeit.

Die Anwendungsfreundlichkeit hängt, wie Bild 3-3 verdeutlicht, in starkem Maße von der jeweiligen Gerätesprachklasse
ab, d. h. vom Darstellungs- bzw. Wirkungsprinzip /31,32,33,
34/, das den einzelnen Operationen zugrundeliegt.

Die verschiedenen Gerätesprachen einer solchen Klasse haben
viele Gemeinsamkeiten, eine Eigenschaft, die bei der Entwicklung der CAD-Programme vorteilhaft genutzt werden kann.

Eine ausführliche Darstellung der Analyse eines Operations-
vorrats ist an dieser Stelle aus Platzgründen nicht möglich.
Um dennoch einen groben Eindruck von der Vielfalt der Gerätesprachen und den sich daraus ergebenden Anforderungen vermit-
teln zu können, werden in Bild 3-4 für eine kleine, aber dennoch repräsentative Geräteauswahl die wichtigsten Operationen
gegenübergestellt. Die daraus abzuleitenden Erkenntnisse sind
im nachstehenden ausgeführt:

a) Die Eingabeoperationen werden meist mit Verknüpfungs-
   operationen kombiniert, um die Anzahl der Anweisungen
   in einem SPS-Programm niedrig zu halten. Für das Laden
   des ersten Signalwerts gilt davon abweichend gelegent-
   lich eine Ausnahmeregelung.

Hersteller Gerätetyp	AEG - Telefunken LOGISTAT CP80	BBC PROCONTIC S	Heckler & Koch HK - C50	IPC-ISSC-Pulsotronic IPC 300	Pilz PITRONIK PC 4K 01	Siemens SIMATIC S5 - 130
Gerätesprach-klasse	Funktionsplan	Boolesche Gleichungen	Programm-ablaufplan	Stromlaufplan	Programm-ablaufplan	Funktions-plan Stromlauf-plan
Eingabe-operationen	E Eingang EN negierter Eing. ES Setz-Eingang ER Rücksetz-Eing. EF Freigabe-Eing.	: wenn :/ wenn nicht				
Verknüpfungs-operationen	UND Konjunktion ODER Disjunktion XOR Antivalenz SPG Speicher mit Grundstellung	· und ·/ und nicht + oder +/ oder nicht 1)		Reihenschaltung ⊣⊢ Schließer ⊣/⊢ Öffner 1)	implizite Konjunktion TH testen ob high TL testen ob low 1)	U und ⊣⊢ UN und nicht ⊣/⊢ O oder ON oder nicht 1)
Ausgabe-operationen	A Ausgang	= dann =/ dann nicht =S dann setze =L dann lösche 2)	LDH load high (setzen) LDL load low (rücksetzen) 2)	⊸O⊸ Ausgang ⊸R⊸ Remanenz-ausgang	S setzen SJ setzen bei ja SN setzen bei nein R rücksetzen RJ rücksetzen bei ja RN rücksetzen bei nein	= zuweisen ⊸( )⊸ S setzen ⊸(S)⊸ R rücksetzen ⊸(R)⊸ 2)
Sprung-operationen			JMP jump SHi skip if high SLi skip if low i ∈ [1,6] 1)	SKIP überspringen	SP springen SPJ springen bei ja SPN springen bei nein	
Klammer-operationen			: MKON umschalten auf konjunktive Normalform 3)	Parallelstrompfad ↓ { 1. markieren 2. beginnen ↑ abschließen		U(Klammer auf) Klammer zu O oder in DNF

1) kombiniert mit Eingabeoperation   2) Mehrfachausgabe möglich   3) disjunktive Normalform voreingestellt

Bild 3-4: Operationen einiger speicherprogrammierter
Steuerungen

b) Für Verknüpfungsfunktionen stehen in der Regel mehrere
Operationen zur Verfügung. Sie können bzw. müssen jedoch in manchen Fällen mittels Sprungoperationen realisiert werden. Man bezweckt damit eine Verkürzung der
Verarbeitungszeit.

c) Bei den Ausgabeoperationen ist zumeist die Zuweisung
vorhanden, seltener dagegen das bedingte Setzen bzw.
Rücksetzen. Ein unbedingtes Setzen ist nur im Zusammenhang mit Sprüngen sinnvoll. Bei einigen Geräten
kann ein Verknüpfungsergebnis nacheinander mehrere
Ausgänge bzw. Merker beeinflussen (Mehrfachausgabe);
manche SPS-Programme lassen sich dadurch geringfügig
verkürzen.

d) Sprungoperationen sind bei etwa der Hälfte der Steuerungen zu finden /30/. Die Anweisungen sind bei ihnen
vorwiegend auf den Programmablaufplan bzw. Funktionsplan ausgerichtet. Es gibt bedingte und unbedingte
Sprünge mit adressierbarem Ziel, weiterhin noch Über-
sprung- und Warteoperationen. Die beiden letztgenannten sind nur vereinzelt anzutreffen.

e) Über Bausteinoperationen - sie sind im Bild 3-4 nicht
aufgeführt - verfügen nur wenige Geräte.

f) Am uneinheitlichsten sind die Gerätesprachen bei den
Klammeroperationen. Sie sind nicht unbedingt erforderlich, da auch mittels Hilfsmerker jede Schaltfunktion
darstellbar ist. Man kann jedoch mit ihnen die Übersichtlichkeit eines SPS-Programms erheblich verbessern. Bei Geräten mit echten Klammern ist eine Schach-
telung von Klammerausdrücken meist nicht möglich. Daneben gibt es eine ganze Reihe von Hilfskonstruk-
tionen. Einige seien genannt:
- Vorrang der Konjunktion (implizite disjunktive Normalform)
- Zusammenfassung von Konjunktionen mit speziellem
  Symbol ("oder in DNF", explizite disjunktive Normalform)
- Weiterverarbeitung des jeweiligen Zwischenergebnis-
  ses mit beliebiger Verknüpfung. Dies entspricht
  einem einzelnen Klammerausdruck, der seinerseits
  einen weiteren enthalten kann, usw. (akkumulierende
  Funktionsbildung).
Auf negierte Klammern verzichten nahezu alle Hersteller. Sie verweisen statt dessen auf die Möglichkeit, einen Ausdruck nach dem De Morganschen Theorem
/12/ umzuformen.

g) Ein direktes Programmieren von Schritten in Ablauf-
ketten /10/ - sie stellen ein wesentliches Element

des Funktionsplans dar - ist gegenwärtig nur bei sehr wenigen Steuerungen möglich. Diese Funktion muß daher vom Anwender durch eine Reihe von Ausgabeanweisungen selbst realisiert werden.

h) Bei graphischer Darstellung auf Bildschirmgeräten sind aus Platzgründen weitere Einschränkungen hinzunehmen.

3.1.2.3 Festlegung eines exemplarischen Operationsvorrats

Die aufgezeigten Punkte lassen erkennen, daß zur Umsetzung der technologieneutralen Schaltsystembeschreibung in ein SPS-Programm für jedes Gerät ein passender Lösungsalgorithmus gefunden werden muß. Diese Thematik ist Gegenstand von Abschnitt 4.4.5. Um sich dabei auf eine einheitliche Darstellung abstützen zu können, erscheint es zweckmäßig, einen Modellprozessor mit einem möglichst umfassenden Operationsvorrat zu definieren. Die steuerungsspezifischen Eigenschaften lassen sich dann allein durch die Einschränkung auf eine Teilmenge von Operationen nachbilden.

Bild 3-5 legt einen entsprechenden Operationsvorrat fest. Für die einzelnen Operationen wird darin die Wirkungsweise durch eine formelmäßige Beschreibung des Informationsflusses auf Registerebene als eine Folge von Aktionen spezifiziert.

3.1.3 Unterschiede bei der Steuerungshardware

3.1.3.1 Gliederung der peripheren Einheiten

Bei der Ermittlung der SPS-Konfiguration ist die bauliche Ausführung der einzelnen Funktionseinheiten zu berücksichtigen. Strebt man eine einheitliche Vorgehensweise bei den verschiedenen Geräten an, dann gilt es zunächst, die beiden folgenden Problemkreise zu untersuchen:

- die Ausbaubarkeit und
- die Anpaßbarkeit.

Benennung der Operation	symb.Notation[1]	Bedingung	1.Aktion	2.Aktion	3.Aktion
EINGABEOPERATIONEN					
Laden	L　s		$\langle BAR \rangle := \langle s \rangle$	$\langle AZ \rangle := \langle AZ \rangle + 1$	
	LN　s		$\langle BAR \rangle := \langle s \rangle$	$\langle BAR \rangle := \overline{\langle BAR \rangle}$	$\langle AZ \rangle := \langle AZ \rangle + 1$
VERKNÜPFUNGSOPERATIONEN					
Konjunktion	U　s		$\langle BOR \rangle := \langle s \rangle$	$\langle BAR \rangle := \langle BAR \rangle \wedge \langle BOR \rangle$	$\langle AZ \rangle := \langle AZ \rangle + 1$
	UN　s		$\langle BOR \rangle := \langle s \rangle$	$\langle BAR \rangle := \langle BAR \rangle \wedge \overline{\langle BOR \rangle}$	$\langle AZ \rangle := \langle AZ \rangle + 1$
Disjunktion	O　s		$\langle BOR \rangle := \langle s \rangle$	$\langle BAR \rangle := \langle BAR \rangle \vee \langle BOR \rangle$	$\langle AZ \rangle := \langle AZ \rangle + 1$
	ON　s		$\langle BOR \rangle := \langle s \rangle$	$\langle BAR \rangle := \langle BAR \rangle \vee \overline{\langle BOR \rangle}$	$\langle AZ \rangle := \langle AZ \rangle + 1$
AUSGABEOPERATIONEN [2]					
Zuweisung	=　s		$\langle s \rangle := \langle BAR \rangle$	$\langle AZ \rangle := \langle AZ \rangle + 1$	
	=N　s		$\langle s \rangle := \overline{\langle BAR \rangle}$	$\langle AZ \rangle := \langle AZ \rangle + 1$	
Setzen	S　s	$\langle BAR \rangle = 1$	$\langle s \rangle := 1$	$\langle AZ \rangle := \langle AZ \rangle + 1$	
		$\langle BAR \rangle = 0$	$\langle AZ \rangle := \langle AZ \rangle + 1$		
Rücksetzen	R　s	$\langle BAR \rangle = 1$	$\langle s \rangle := 0$	$\langle AZ \rangle := \langle AZ \rangle + 1$	
		$\langle BAR \rangle = 0$	$\langle AZ \rangle := \langle AZ \rangle + 1$		
SPRUNGOPERATIONEN					
Sprung unbedingt	SP　p		$\langle AZ \rangle := p$		
Sprung bedingt	SPB　p	$\langle BAR \rangle = 1$	$\langle AZ \rangle := p$		
		$\langle BAR \rangle = 0$	$\langle BAR \rangle := 1$	$\langle AZ \rangle := \langle AZ \rangle + 1$	
	SPBN　p	$\langle BAR \rangle = 1$	$\langle AZ \rangle := \langle AZ \rangle + 1$		
		$\langle BAR \rangle = 0$	$\langle BAR \rangle := 1$	$\langle AZ \rangle := p$	
BAUSTEINOPERATIONEN					
Bausteinaufruf	BA　p		$\langle AAR \rangle := \langle AZ \rangle$	$\langle AZ \rangle := p$	
Bausteinaufruf bedingt	BAB　p	$\langle BAR \rangle = 1$	$\langle AAR \rangle := \langle AZ \rangle$	$\langle AZ \rangle := p$	
		$\langle BAR \rangle = 0$	$\langle BAR \rangle := 1$	$\langle AZ \rangle := \langle AZ \rangle + 1$	
Bausteinende	BE		$\langle AZ \rangle := \langle AAR \rangle + 1$		
Programmende	PE		$\langle AZ \rangle := 0$		
KLAMMEROPERATIONEN					
Klammer auf	(		$\langle JR \rangle := 0$	$\langle AZ \rangle := \langle AZ \rangle + 1$	
	U(		$\langle JR \rangle := 1$	$\langle ZER \rangle := \langle BAR \rangle$	$\langle AZ \rangle := \langle AZ \rangle + 1$
	O(		$\langle JR \rangle := 2$	$\langle ZER \rangle := \langle BAR \rangle$	$\langle AZ \rangle := \langle AZ \rangle + 1$
Klammer zu	)	$\langle JR \rangle = 0$	$\langle AZ \rangle := \langle AZ \rangle + 1$		
		$\langle JR \rangle = 1$	$\langle BAR \rangle := \langle BAR \rangle \wedge \langle ZER \rangle$	$\langle AZ \rangle := \langle AZ \rangle + 1$	
		$\langle JR \rangle = 2$	$\langle BAR \rangle := \langle BAR \rangle \vee \langle ZER \rangle$	$\langle AZ \rangle := \langle AZ \rangle + 1$	

s　Signaladresse　　　　BAR　Binärakkumulatorregister　　　AZ　Anweisungszähler　　　AAR　Ausprungadressenregister
p　Programmadresse　　　BOR　Binäroperandenregister　　　　JR　Junktorenregister　　　ZER　Zwischenergebnisregister

$\langle\ \rangle$　Register- bzw. Speicherzelleninhalt　　　　$\wedge$　Konjunktion　(UND-Verknüpfung)[3]　　　$\overline{}$　Negation
$:=$　Zuordnungszeichen　　　$+$　Addition　　　$\vee$　Disjunktion　(ODER-Verknüpfung)　　　$=$　Identität

[1] symbolische Notation nach DIN 19 239　　　　[2] $\langle BAR \rangle$ bleibt erhalten und kann durch die nach-
[3] Verknüpfungszeichen nach DIN 66 000　　　　　　folgende Operation erneut ausgewertet werden

Bild 3-5: Operationen des Modellprozessors

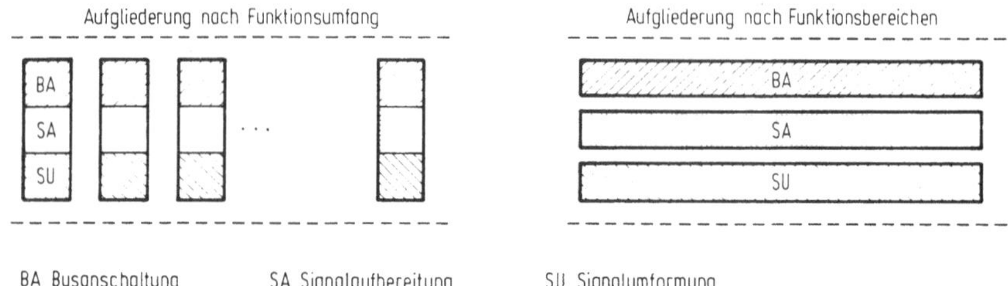

__Bild 3-6:__ Gliederungsmöglichkeiten bei peripheren Einheiten

Die Ausbaubarkeit betrifft den Maximalausbau und die Modularität, die beide vom SPS-System vorgegeben sind. Die Möglichkeiten zur Anpassung sind durch die angebotene Typenvielfalt festgelegt.

Dem modularen Aufbau der Peripherie liegt bei allen Steuerungsgeräten eine funktionelle Gliederung zugrunde, die von zwei Grundgedanken geleitet sein kann (Bild 3-6):

a) Die Aufgliederung nach Funktionsumfang.
   Gleichartige Funktionen werden bei ihr auf mehrere Baugruppen verteilt. Die jeweilige Stufung (8 bis 32) hängt vom verfügbaren Platz, den technologischen Randbedingungen und der Art des Bussystems ab.

b) Die Aufgliederung nach Funktionsbereichen.
   Hier werden abgegrenzte Teilfunktionen zusammengefaßt und auf einer separaten baulichen Einheit untergebracht.

Ein Vergleich der am Markt befindlichen Steuerungsgeräte zeigt:

- Alle Minigeräte (bis zu 32 Anschlüsse) weisen eine kompakte, ganzheitliche Bauform auf.
- Bei der Großzahl der Systeme hat sich die einstufig modulare Struktur mit einer Aufgliederung nach dem

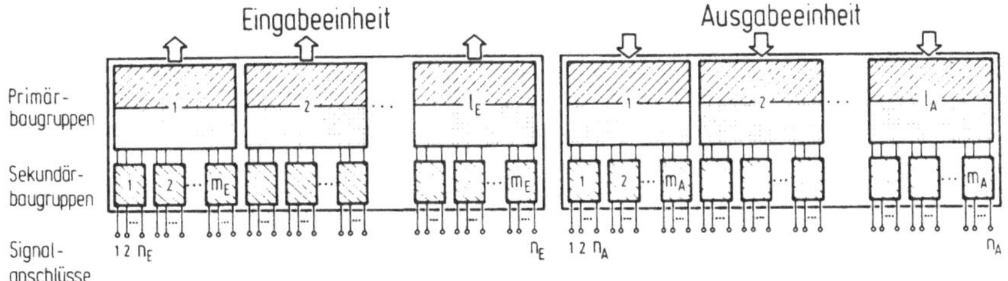

Bild 3-7: Zweistufig modularer Aufbau der Ein- und
Ausgabeeinheit

Funktionsumfang durchgesetzt. Die Baugruppen sind
in der Regel voll adressierbar, d. h. jeder Signal-
speicherzelle ist ein signalführendes Bauglied bzw.
ein Signalanschluß zugeordnet.

- Steuerungen mit einer noch flexibleren Anpassungsmög-
lichkeit haben einen zweistufig modularen Aufbau mit
einer zusätzlichen Abstufung im Signalumformungsbe-
reich. Von der Lage der Schnittstelle hängt es ab, ob
die hinzukommenden Sekundärbaugruppen grundsätzlich
einzufügen sind, oder aber nur bei besonderen Anforderungen an die physikalischen Größen der Signale.

Die im Bild 3-7 dargestellte zweistufige Modularisierung ist
die allgemeingültigste Struktur, die in der Praxis zu finden
ist. In ihr gehen alle übrigen als Spezialfälle auf. Sie wird
deshalb für die Konzeption des CAD-Systems herangezogen.

3.1.3.2 Merkmale der Zeitglieder

Funktionseinheiten, die zeitabhängige binäre Signale bilden,
sind bei praktisch allen speicherprogrammierten Steuerungen
verfügbar. Sie unterscheiden sich jedoch stark in Aufbau und
Wirkungsweise (Bild 3-8) und sind daher bei der Projektierung
ungleich zu behandeln. Beim Zeitverhalten herrschen die Ein-
und Ausschaltverzögerungen gegenüber den impulserzeugenden
Schaltgliedern vor. Meist ist nur eine Art davon verfügbar;
die übrigen müssen bei Bedarf programmtechnisch nachgebildet
werden. Weitere, für die Projektierung wichtige Kennzeichen

strukturelle Eingliederung	Elemente in Gerätesprache	Vorgabe der Zeitwerte
im Prozessor integriert	spezielle Zeitoperationen	durch Steuerungsanweisungen (Zeitwerte konstant oder variabel)
als Zusatzeinheit	zusätzliches Operandenkennzeichen	durch Einstellelemente (Zeitwerte konstant)
in Ein- oder Ausgabebaugruppe integriert	keine	Justierung bei Inbetriebnahme gemäß Einstellvorschrift
als Ausgabebaugruppe (externe Signalrückführung)	keine	Änderung jederzeit leicht möglich

Bild 3-8: Merkmale verschiedenartiger Zeitglieder

von Zeitgliedern sind die Spanne des Zeitbereichs und die erzielbare Einstellgenauigkeit des Zeitwerts.

3.1.3.3 Merkmale der Baugruppenadressierung

Unter der Baugruppenadressierung versteht man die Zuordnung von Signalspeicherbereichen auf die einzelnen peripheren Funktionsgruppen. Sie kann auf unterschiedliche Weise realisiert sein /35/. Für die Projektierung ist die Art der Festlegung von Bedeutung:

a) Festlegung der Adressierung durch den Einbauort.
   Bei der Konfiguration des Systems ist für jede Baugruppe eine Einbauvorschrift anzugeben.

b) Festlegung der Adressierung durch Einstellelemente.
   Mit Hilfe von Schaltern, Lötbrücken, Steckverbindungen etc., die sich meist auf der Baugruppe, seltener auf der Busleiterplatte befinden, wird bei der Installation der Steuerung die Baugruppenadresse definiert. Die Einstellparameter hängen von der Adressencodierung ab (z. B. Dual-, Matrix-, 1 aus n -Code) /1/ und werden mittels Algorithmus oder Tabelle ermittelt. Die Art der Einheit (Eingabe, Ausgabe, Zeitwerk etc.) wird von vielen Geräten automatisch erkannt. Bei den übrigen sind Einschränkungen hinsichtlich der Wahl des Einbauorts bzw. der Adresse zu beachten.

3.2 Bereitstellung einer rechnergerechten Projektierungs-
methode

Die Bereitstellung einer wirkungsvollen Arbeitsmethode ist
für die nachfolgenden Überlegungen von großer Bedeutung.
Sie bildet die Grundlage für die Strukturierung des Programmsystems und die Entwicklung der verschiedenen Verarbeitungsalgorithmen. Auf einige in diesem Zusammenhang wichtige Anforderungen wird im folgenden näher eingegangen. Die weiter-
reichenden Voraussetzungen bezüglich der Systematisierung des
Entwurfsprozesses und dessen Integration in die bestehende
betriebliche Organisation wurden bereits in /29/ geklärt.

3.2.1 Beschreibung des Schaltsystems

Der Nutzen eines CAD-Systems hängt ganz wesentlich vom
Niveau ab, auf dem der Informationsaustausch zwischen dem
Konstrukteur und der DV-Anlage stattfindet; d. h. im vor-
liegenden Fall vom zugrundegelegten Darstellungsmittel zur
Beschreibung des Schaltsystems. Dieses muß:

- schnell erlernbar und einfach anzuwenden sein,
- allgemein anerkannt werden,
- für den Grob- und Feinentwurf gleichermaßen taugen,
- eine knappe, treffende und übersichtliche Formulierung
  gestatten,
- unabhängig sein vom verwendeten Steuerungsgerät und
- rechentechnisch einfach zu erfassen und umzusetzen
  sein.

In den einzelnen, mit Schaltsystemen befaßten Fachdisziplinen
haben sich unterschiedliche Beschreibungsverfahren herausge-
bildet. Nahezu alle trennen scharf zwischen Schaltnetzen und
Schaltwerken. Jedes hat Vor- und Nachteile, wie die Gegen-
überstellungen in /8,29,36/ deutlich machen. In den Bildern
3-9 und 3-10 sind die gängigsten Darstellungsmittel an je-

tabellarische Darstellung	algebraische Darstellung	graphische Darstellung als Schaltungsstruktur	graphische Darstellung als Algorithmus
Schalttabelle | X_A	X_B	X_C	Y
0	0	0	0
0	0	1	1
0	1	0	1
0	1	1	-
1	-	-	0		**Boolesche Schaltfunktion** $\Omega_B = \{\wedge, \vee, ^-\}$ $Y = \bar{X}_A \wedge (X_B \vee X_C)$ **Žegalkinsche Schaltfunktion** $\Omega_S = \{\wedge, \leftrightarrow\}$ $Y = (X_A \leftrightarrow 1) \wedge (X_B \leftrightarrow X_C)$	**Funktionsplan** X_A, X_B, X_C → ≥ 1 → Y	**Programmablaufplan** Beginn → $X_A = 1$ (ja/nein) → $X_B = 0$ (ja/nein) → $X_C = 0$ (ja/nein) → $Y := 1$ / $Y := 0$ → Ende
Karnaugh-Veitch-Diagramm Y X_B: 0, 1, -, 1 X_A {: 0, 0, 0, 0 X_C	**Peircesche Schaltfunktion** $\Omega_P = \{\bar{\vee}\}$ $Y = X_A \bar{\vee} (X_B \bar{\vee} X_C)$ Ω_i Menge der Basisoperationen	**Stromlaufplan** X_A X_B X_C Y	

Beispiel: Ansteuerung eines Ventils zur Schmiermittelversorgung

Bild 3-9: Möglichkeiten zur Darstellung der Funktionsweise eines Schaltnetzes

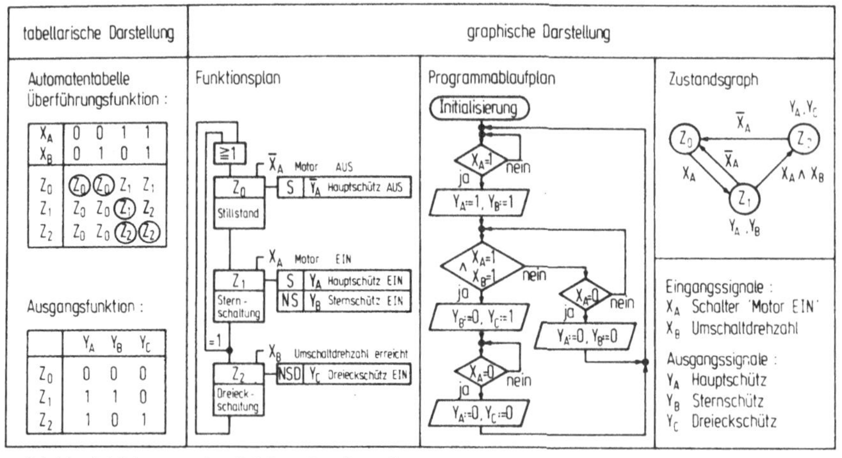

Beispiel: Anlaßsteuerung eines Drehstrom-Asynchronmotors

Bild 3-10: Möglichkeiten zur Darstellung der Funktionsweise eines Schaltwerks

weils einem Beispiel zu vergleichen. Eine Bewertung ergibt:
Boolesche Schaltfunktionen und Zustandsgraphen sind mächtige Darstellungsmittel und zugleich rechentechnisch gut beherrschbar. Die graphische Funktionsplaneingabe bringt zwar noch etwas mehr Anwendungskomfort, erfordert aber einen ungleich höheren Realisierungsaufwand.

3.2.2 Einfluß der Signalisierung

Aus der Signalisierung erwachsen ebenfalls weitreichende Forderungen an die Konzeption des CAD-Systems. Zu untersuchen ist:

- der Umfang der zu spezifizierenden Signalkenndaten und
- der günstigste Zeitpunkt zu deren Festlegung.

Bezüglich der wichtigsten Signalkenndaten sind einige Anmerkungen zu machen:

- Die Signalbedeutung erläutert den Sinngehalt der zugewiesenen Information ausführlich in textlicher Form.
- Eine systematische und normgerechte Betriebsmittelbezeichnung /32/ gehört zu allen externen Signal- bzw. Stellgliedern, wie z. B. =B2-S8A:1 zum Anschluß 1 des Tasters S8A im Anlagenteil B2.
- Bei der formalen Beschreibung des Steuerungsmodells verwendet man am besten eine möglichst knappe und aussagekräftige Zeichenkombination. Als Benennung haben sich hierfür die beiden Begriffe Signalname und symbolische Signaladresse eingebürgert.
- Zum Verständnis der steuerungsinternen Vorgänge müssen die Signalart (Eingangs-, Ausgangs-, Merkersignal...), die absolute Signaladresse, der Entscheidungsgehalt (Bit, Byte, Wort...) und gegebenenfalls noch die Informationsstruktur (Fest-, Gleitpunktzahl, BCD-Ziffer...) bekannt sein.

44

- Bei einer technologieneutralen Beschreibung des Schaltsystems interessieren nur die steuernden bzw. gesteuerten Funktionen. Um dennoch einen Bezug zur technischen
Realisierung herstellen zu können, muß der Zusammenhang
von Signaleffekt, -pegel und -wert (EPW-Zuordnung) explizit erklärt werden.
- Eine differenzierte Behandlung der Signalwirksamkeit
(statisch, dynamisch) kann die Funktionssicherheit der
entworfenen Steuerung erhöhen.
- Der Signaltyp kennzeichnet die technologischen Parameter.
- Die Baugliednummer und -bezeichnung dokumentieren die
ermittelte SPS-Signalbelegung.
- Die Verbindungen zur Anlage lassen sich schließlich
über Kabel- und Leitungsbezeichnung sowie die Nummern
der Klemmen im Schaltschrank und in den Verteilerkästen
erfassen.

Projektierungsphasen

● nötige Information
○ nützliche Information

Signalkenndaten	Konzeption der Steuerung	Entwurf des Schaltsystems	Programmierung, Dokumentation, Revision	Programmüberprüfung, Programmtest	Auslegung der peripheren Einheiten	Definition der Signalbelegung	Erstellung des Verdrahtungsplans	Aufbau und Anschluß der Steuerungshardware	Inbetriebnahme der Steuerung
Signalbedeutung	●	●	○	●			○		●
Betriebsmittelkennzeichnung		○	○	○			●		●
Signalname		●	○		○	●	●		○
Signalart	●	●	●	●	●	●	●	●	●
absolute Signaladresse			●	●		●			●
Entscheidungsgehalt	●	●	●	●	●	●	○		●
Informationsstruktur			●	●					○
EPW-Zuordnung			●	●					●
Signalwirksamkeit		●	●	●					●
Signaltyp				●	●	●	○		○
Baugliednummer					●				
Baugliedbezeichnung					○		●	●	●
Kabelbezeichnungen						○	●	●	
Leitungsbezeichnungen						○	●	●	
Klemmennummern				●		●	●	●	●

EPW Effekt-Pegel-Wert

Bild 3-11: Relevanz der Signalkenndaten im Verlauf der
Projektierung

Die einzelnen Signalkenndaten interessieren nur während bestimmter Projektierungsphasen (Bild 3-11). Welche davon im Rechner verfügbar sein müssen, hängt ganz von der Reichweite des Systems ab. Eine anwendungsfreundliche Eingabe ist nur dann gegeben, wenn die Daten mit der Steuerungsentwicklung einhergehend, nacheinander spezifiziert werden können.

3.2.3 Struktur des Steuerungsprogramms

3.2.3.1 Anforderungen

Beim Entwurf eines Schaltsystems muß der Konstrukteur die gesamte, mitunter recht komplexe Problemstellung geistig durchdringen. Die Vorgabe einer hierarchischen Struktur, die schon rein formal das Wesentliche von untergeordneten Details trennt, kann ihm dabei sehr helfen. Sie verbessert zugleich die Übersichtlichkeit und Verständlichkeit des entstehenden Steuerungsprogramms. Auf folgende Punkte ist zu achten:

- Die Gliederung muß gemeinsam mit der Funktionsbeschreibung definiert werden, denn es ist nahezu unmöglich, sie aus einer unstrukturierten Anweisungsmenge nachträglich zu gewinnen.
- Sie darf bei der Übersetzung ins SPS-Programm nicht verändert werden, damit man sich beim Testen trotz der unterschiedlichen Sprache zurechtfindet.
- Dem Konstrukteur sind Strukturierungsrichtlinien an die Hand zu geben.

Die letztgenannte Forderung ist im Zusammenhang mit dem jeweiligen methodischen Ansatz zu sehen. Bei einer reinen Neuentwicklung der Programme strebt man aus Gründen der Allgemeinverständlichkeit nach einer einheitlichen Form. Bei der Baukastenkonstruktion kommt es dagegen darauf an, daß die standardisierten Bausteine zusammenpassen. Es ist hierfür eine betriebliche Norm zu erarbeiten.

3.2.3.2 Entwicklung einer universellen Programmstruktur

Eine hierarchische Struktur erkennt man im Steuerungsprogramm an einer fortschreitenden und verfeinernden Untergliederung in Programmsegmente, die sich so lange fortsetzt, bis schließlich nur noch die unteilbaren Steuerungsanweisungen übrig bleiben. Die jeweils zusammengefaßten Strukturelemente tragen gleiche Wesenszüge. Eine eingehende Analyse bestehender SPS-Programme zeigt, daß die Zusammengehörigkeit durch zufällige, natürliche, zeitliche, sequentielle, alternative, kommunikative oder funktionelle Bindungen zum Ausdruck kommt:

- Bei einer _zufälligen_ Zusammenfassung werden alle Programmteile willkürlich aneinandergefügt. Sie ist nicht strukturfördernd.
- Die _natürliche_ Bindung vereinigt gleichartige Elemente, ohne auf die wirkungsmäßige Bedeutung Rücksicht zu nehmen. Ein Beispiel hierfür ist die Aneinanderreihung aller Markierungsspeicherfunktionen.
- Eine _zeitliche_ Bindung liegt vor, wenn gewisse Teile immer nur zur gleichen Zeit aktiviert werden müssen, wie etwa die Anweisungen zur Initialisierung eines Schaltwerks.
- Die Bindung ist _sequentiell_, wenn die Ausgabe eines Segments dem nächsten als Eingabe dient. Läßt man diese Beziehung beispielsweise bei gekoppelten Schaltfunktionen außer acht, dann kann sich dadurch das Antwortverhalten ganz erheblich verschlechtern.
- Bei der _alternativen_ Bindung werden sich gegenseitig ausschließende Aktivitäten einander zugeordnet. Wenn organisatorische Anweisungen verfügbar sind, kann die Bearbeitung auf den gerade aktuellen Programmabschnitt beschränkt werden.
- Kriterium für die _kommunikative_ Bindung sind enge Wechselwirkungen zwischen den verschiedenen Gliedern. Wenn z. B. mehrere Schaltfunktionen die gleichen Signale ansprechen, dann ergibt dies innerhalb des Segments eine

hohe Verarbeitungstiefe. Gleichzeitig wird die Vermaschung nach außen hin niedrig gehalten.

- Die <u>funktionelle</u> Bindung wirkt am stärksten. Bei ihr sind alle Elemente an der Realisierung einer einzigen, abgeschlossenen Funktion beteiligt. Sie trägt zur Verständlichkeit am meisten bei. Für den Fall, daß die Verwirklichung einer Funktion in nur einem Segment sehr viele Anweisungen erfordert und damit unübersichtlich wird, empfiehlt es sich, nach anderen Bindungskriterien weiter zu untergliedern.

Der Konzeption der sprachübersetzenden Systemkomponente muß die Suche nach einem allgemeingültigen SPS-Programmgerüst vorausgehen, denn dieses hat sowohl Einfluß auf die Ausstattung der Projektierungssprache mit angemessenen Ausdrucksmitteln als auch auf die entsprechende Dateienorganisation. Eine diesbezügliche Untersuchung führt zur Festlegung der in Bild 3-12 dargestellten Struktur. Sie räumt funktionellen Gesichtspunkten den Vorrang ein und ist dem weitverbreiteten, am Bearbeitungsablauf orientierten sequentiellen Bindungsgefüge /36/ deutlich überlegen. Das Hauptelement der Gliederung ist die Funktionseinheit, gekennzeichnet durch genau eine zu steuernde physikalische Größe, wie etwa die Position, Geschwindigkeit oder Kraft /15/.

3.2.3.3 <u>Strukturabbild im SPS-Programm</u>

Zur Hervorhebung der SPS-Programmstruktur kommt je nach den Fähigkeiten des Steuerungsgeräts eine von zwei Möglichkeiten in Betracht:

- Wenn keine Bausteinoperationen verfügbar sind, können die Segmente innerhalb eines linearen Programms nur durch Kommentare oder Nulloperationen kenntlich gemacht werden.
- Viel transparenter wird die Gliederung jedoch, wenn jeder Abschnitt sich auf einen Programmbaustein abbilden läßt.

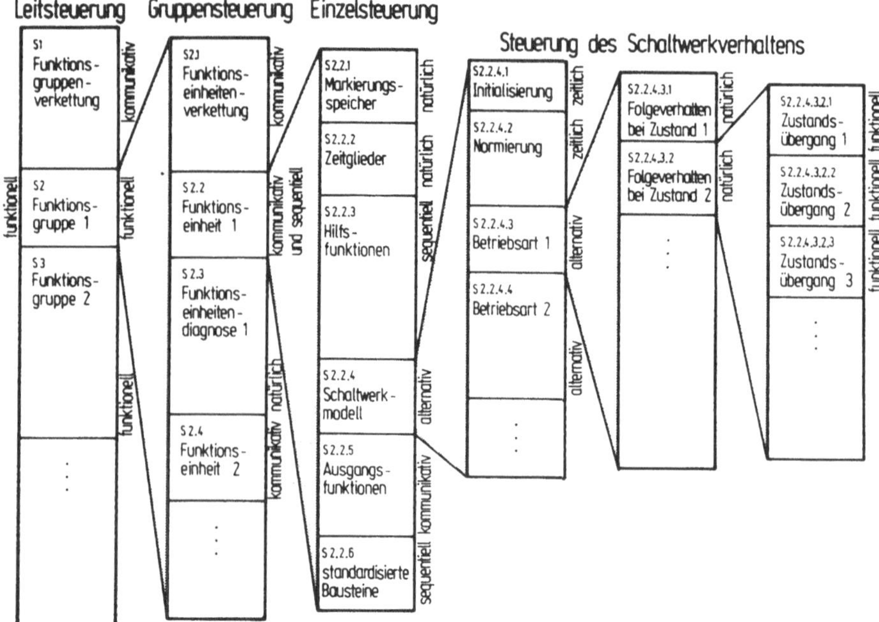

Bild 3-12: Vorteilhafte Strukturierung eines Steuerungsprogramms

Eine gewisse Ausnahmestellung nehmen Alternativbindungen ein; bei ihnen ist noch eine zusätzliche Organisation des Programmablaufs erforderlich (Bild 3-13).

Das Leistungsvermögen der Steuerung spielt auch beim Einbringen standardisierter Bausteine eine gewichtige Rolle. Zwei Prinzipien stehen zur Diskussion:

- Die Unterprogrammtechnik und
- die Makrotechnik.

Die erste ist übersichtlicher und verbraucht weniger Programmspeicherplätze, die andere benötigt dagegen keine speziellen Strukturierungsoperationen und ist daher immer anwendbar. Die Behandlung formaler Parameter ist bei den beiden Techniken sehr unterschiedlich.

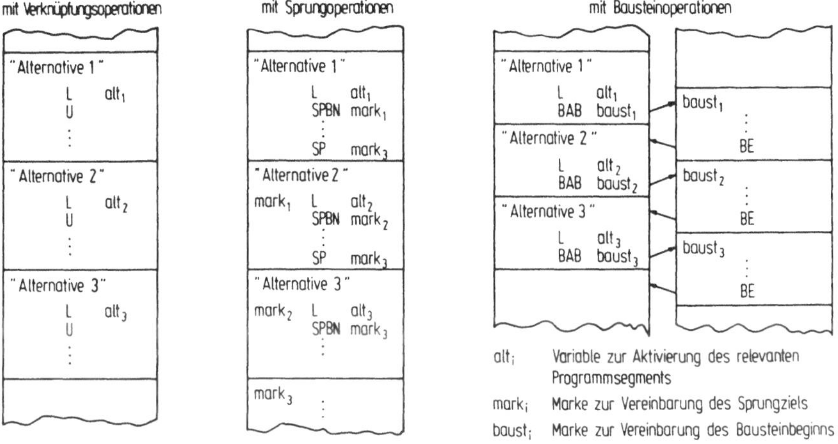

Symbolische Notation der Operationen nach Bild 3-5

Bild 3-13: Möglichkeiten zur Organisation alternativer SPS-
Programmsegmente

3.2.4 Möglichkeiten zur Schaltwerkrealisierung in SPS-Programmen

Bei verbindungsprogrammierten Steuerungen mit simultaner
Signalverarbeitung kann die technologische Ausarbeitung von
Schaltwerken nur über das Abbilden in eine binäre Strukturbeschreibung erfolgen. Man führt zu diesem Zweck Zustandsvariablen ein, codiert damit die einzelnen Zustände und
leitet davon ausgehend ein System gekoppelter Boolescher
Schaltfunktionen her. Die einzelnen Schritte sind in /29/
ausführlich erläutert. Eine automatische Bearbeitung nach
dieser Methode ist gegenwärtig nur bei standardisierten
Zustandsmodellen (vgl. Katalog der Zustandsgraphen in /27/)
möglich, da bislang noch keine universellen Codierverfahren
bekannt geworden sind.

Beim Einsatz speicherprogrammierter Steuerungen eröffnen sich
jedoch infolge des zyklisch sequentiellen Programmablaufs
einfachere und bessere Wege /37/. Jedes beliebige Zustands-

modell kann hier direkt in einen aus einer Folge von Steuerungsanweisungen bestehenden Schaltwerkalgorithmus übertragen
werden. Dabei besteht je nach SPS-Operationsvorrat und zeitlichen Anforderungen die Wahl zwischen

- einer linearen Programmstruktur mit stets gleicher
  Aktionsfolge und
- einer verzweigten Programmstruktur mit zustandsabhängiger Aktionsfolge.

In Bild 3-14 ist der Aufbau des linearen Konzepts genauer
dargestellt.

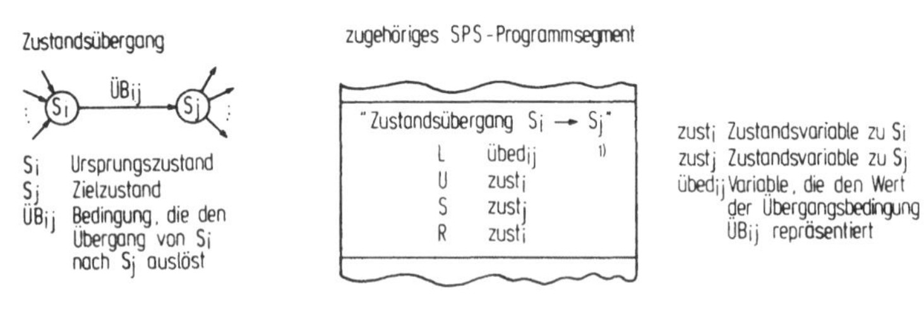

Bild 3-14: Segment für einen Zustandsübergang bei linearer
Programmstruktur

Die einzelnen Realisierungsarten weisen unterschiedliche
Merkmale auf (Bild 3-15). Die Abbildung auf gekoppelte
Boolesche Schaltfunktionen führt bei SPS-Einsatz auf uneffek-
tive Lösungen. Die beiden algorithmischen Ansätze sind dagegen gut geeignet. Der eine ist sehr übersichtlich, der
andere ergibt kurze Programmdurchlaufzeiten. Im CAD-System
sollten beide implementiert werden.

Merkmale

	Zustands-codierung	Anzahl der Anweisungen	mittlere Anzahl der Aktionen	Anzahl der Zustandsvariablen	Anzahl der Hilfsvariablen	Verständlichkeit
gekoppelte Boolesche Schaltfunktionen	einschrittig	78	78	3	9	schlecht
	mehrschrittig	63	63	2	8	schlecht
linearer Schaltwerk-algorithmus	1 aus n	48	48	4	1	sehr gut
verzweigter Schaltwerk-algorithmus	1 aus n	56	25	4	0	befriedigend

Realisierungsprinzip (row group label, left side)

Beispiel : Schaltwerk zur Steuerung einer Palettenspanneinrichtung
(energetisch bestimmte Funktionseinheit mit zwei Energieniveaus :
8 Eingangsvariablen, 1 Ausgangsvariable, 4 Zustände, 6 Zustandsübergänge)

Bild 3-15: Gegenüberstellung der Schaltwerkrealisierungs-
prinzipien an einem Beispiel

Mit der Klärung der Randbedingungen seitens der Steuerungsgeräte und der Bereitstellung einer rechnergerechten Projektierungsmethode sind die Voraussetzungen zur Konzeption und
Entwicklung des Programmsystems geschaffen worden. Im
folgenden Kapitel wird nun auf die Herleitung der wichtigsten
Entwicklungsgrundlagen näher eingegegangen.

4 Entwicklung von rechnergerechten Verfahren

4.1 Vorgehensweise beim Entwurf von Programmsystemen

Die Entwicklung einer CAD-Software ist eine komplexe Aufgabe.
Sie läßt sich nur in mehreren, aufeinanderfolgenden Entwick-
lungsstufen bewältigen (Bild 4-1). Zu Beginn liegen die einzelnen Sachverhalte (Arbeitsvorschriften, Zahlenwerte, Pläne,
Tabellen) in einer problemgemäßen Form vor. Diese müssen nun
nach und nach in eine rechnerinterne Form übergeführt werden.
Die ursprüngliche Anschaulichkeit geht hierbei verloren. Man
bezeichnet die Umwandlung und den mit ihr eng verbundenen
Abstraktionsprozeß als die Modellbildung /38/.

Am schwierigsten ist die erste Stufe, die rechnergerechte
Aufbereitung. Sie ist Aufgabe der Systemanalyse. Das an-
schließende Umsetzen in ein Programm läuft schematisch ab.
Die Implementierung schließlich wird von den Dienstprogrammen
der DV-Anlage (Kompilierer, Binder, Lader) übernommen. Die
folgenden Betrachtungen beschränken sich ganz auf die Systemanalyse.

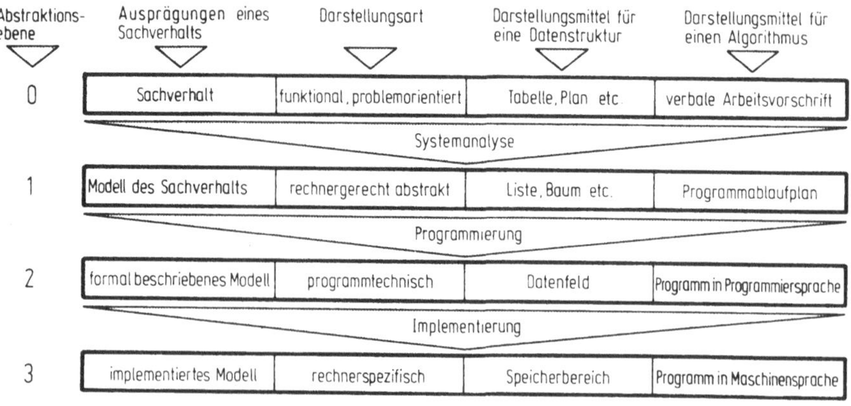

Bild 4-1: Stufenweise Abbildung eines Sachverhalts in ein
rechnerinternes Modell

Der Systementwurf beginnt i. a. mit dem Herleiten der Programmstruktur. Danach werden die Ordnungsprinzipien für die Daten im Hauptspeicher (Datenstrukturen /39/) festgelegt. Von großer Bedeutung sind hierbei "lineare Listen" und "gerichtete Wurzelbäume" (Arboreszenzen). Sie lassen sich graphisch sehr anschaulich darstellen. Programmtechnisch werden sie durch eine Abbildung auf Datenfelder realisiert, einem in jeder höheren Programmiersprache vorhandenen Strukturelement. Auf den Datenstrukturen aufbauend, werden schließlich methodische Rechenverfahren (Algorithmen /40/) konzipiert. Man kann sie mit Hilfe der Sinnbilder für Programmablaufpläne /34/ übersichtlich darstellen. Sowohl die Datenstrukturen als auch die Algorithmen beeinflussen in hohem Maße den späteren Speicherplatz- und Rechenzeitbedarf. Bei ihrer Festlegung ist darauf Rücksicht zu nehmen.

Zur Spezifikation eines Softwaresystems sind drei Beschreibungsverfahren gebräuchlich, die sich entweder an den Daten, am Prozeß oder aber am Programm ausrichten. Die datenorientierte Darstellung ist den anderen in vielen Punkten überlegen /41/. Auf sie wird im folgenden zurückgegriffen.

4.2 Strukturierung des Programmsystems

Ausgangspunkt der Systementwicklung ist der folgende, bereits erwähnte Grundgedanke: Aus einer Steuerungsbeschreibung, die in einer problemorientierten Projektierungssprache abgefaßt ist, soll für jede beliebige speicherprogrammierte Steuerung das entsprechende Steuerungsprogramm generiert werden können. Die Projektierungssprache ist noch zu definieren, die SPS-Maschinensprache liegt gemäß der jeweiligen Spezifikation des Geräteherstellers fest. Für die automatische Umwandlung sind geeignete Übersetzungsprogramme zu erstellen, die man im gegebenen Zusammenhang auch als Kompilierer /42/ bezeichnen kann.

4.2.1 Prinzipieller Aufbau von Kompilierern

In struktureller Hinsicht sind zwei Varianten zu unterscheiden: Einschritt- und Mehrschrittkompilierer /43/.

Einschrittkompilierer, mit ihrem "monolithischen" Aufbau, bringen große Nachteile mit sich. Wegen der fehlenden Aufspaltung in einzelne Verarbeitungsphasen müssen sie das Quellprogramm Zeichen für Zeichen untersuchen und parallel dazu das Zielprogramm zusammensetzen. Ihre Algorithmen sind kompliziert und umfangreich. Die einzelnen Programmteile werden in kurzen Zeitabständen immer wieder aktiviert und sind deshalb resident im Hauptspeicher zu halten. Probleme gibt es, wenn benötigte Informationen im Quellprogramm erst später verfügbar sind. Die Festlegung der Projektierungssprache unterliegt aus diesem Grund zusätzlichen Einschränkungen.

Die angeführten Schwierigkeiten lassen sich mit Mehrschrittkompilierern umgehen. Der gesamte Aufgabenkomplex wird in mehreren, aufeinanderfolgenden Übersetzungsprozessen abgewickelt. Als Bindeglieder dienen jeweils nur Datenbestände, welche aus dem teilweise übersetzten Quellprogramm sowie aus zusätzlich gewonnenen Informationen bestehen. Sie liegen in einer rechnergerechten Darstellung vor und können auf externen Datenträgern abgelegt werden (Bild 4-2). Für die Bearbeitung brauchen sie nur abschnittsweise in den Hauptspeicher geladen zu werden. Während eines Verarbeitungsschritts sind nur einige wenige Programmteile auszuführen. Man kann daher, ohne große Zugeständnisse bei der Rechenzeit machen zu müssen, Techniken zur Programmüberlagerung /44/ heranziehen. Dies aber macht die angestrebte Implementierung des Systems auch auf Rechnern mittlerer Größe überhaupt erst möglich.

Die beiden Wunschvorstellungen, einerseits mit wenigen Zwischensprachen auskommen zu können und andererseits einfache Algorithmen zu erhalten, schließen sich gegenseitig aus.

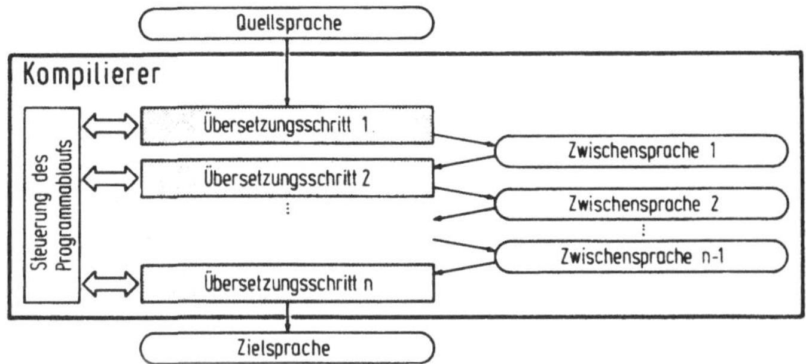

Bild 4-2: Aufbau eines Mehrschrittkompilierers nach /43/

Es gilt, einen vernünftigen Kompromiß zu schließen. Für die
hier vorliegende Problemstellung hat sich bei der Gegenüberstellung mehrerer in Frage kommender Lösungsansätze folgende
Aufgliederung als besonders zweckmäßig erwiesen:

1. lexikalische Analyse
2. syntaktische Analyse
3. Optimierung
4. SPS-Anpassung
5. Anweisungsgenerierung
6. Formatierung und Assemblierung

4.2.2 Entwicklung des Strukturkonzepts

Bei der einfachsten denkbaren Struktur, die der gestellten
Aufgabe gerecht wird, sind die Programmpakete nach außen hin
abgeschlossen und können unabhängig voneinander entwickelt
werden. In Bild 4-3 ist links der Sachverhalt an einem Beispiel für zwei verschiedene Steuerungsgeräte skizziert.

Die beiden Kompilierer gehen von ein und derselben Projektierungssprache aus. Ein einheitlicher Aufbau des Systems im
eingabeseitigen Teil ist daher naheliegend. Er ermöglicht die
gemeinsame Nutzung der entsprechenden Programmoduln und ver-
ringert damit den Entwicklungsaufwand bei einer späteren

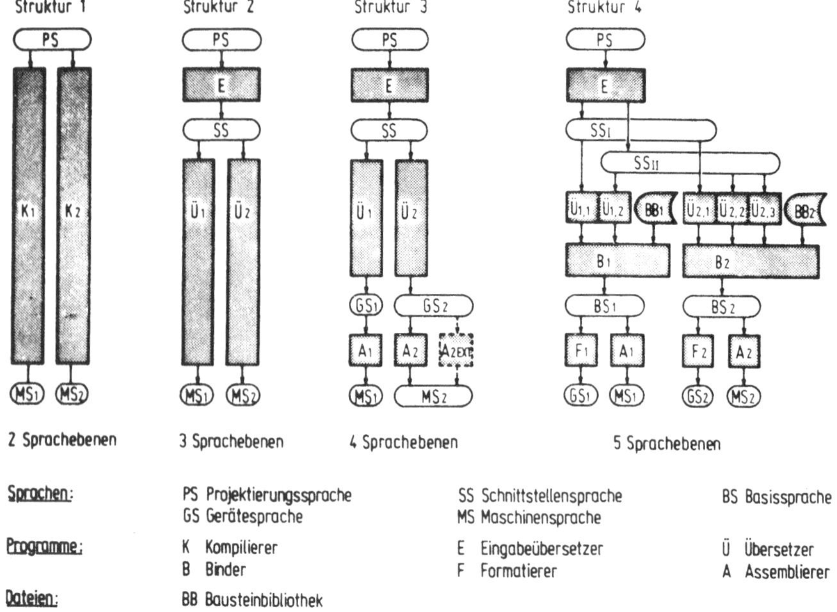

Bild 4-3: Mögliche Strukturvarianten des Programmsystems

Erweiterung (vgl. Struktur 2 in Bild 4-3). Die Schnittstelle
zur Verzweigung in die gerätespezifischen Programmketten
realisiert man zweckmäßigerweise in Form einer Datenstruktur
- im folgenden als Schnittstellensprache bezeichnet. In ihr
sind die rechnerinternen Abbilder von Booleschen Gleichungen,
Zustandsgraphen etc. beschrieben.

Bei der Inbetriebnahme einer Steuerung können sich unter
Umständen Schwierigkeiten ergeben, wenn die Dokumentation
ausschließlich auf der Basis der Projektierungssprache vorliegt. Zum einen läßt sich das Verhalten von kritischen
Programmabschnitten im Detail nur mit einem dem Maschinenpro-
gramm direkt entsprechenden Protokoll überprüfen. Zum anderen
müssen, wegen der räumlichen Trennung vom ortsfesten CAD-
Rechner, kleine Programmänderungen mit Hilfe einer eigenständigen, tragbaren Programmiereinrichtung auch vor Ort durchzu-

führen sein. Beides erfordert eine Anweisungsliste, die in der vom Steuerungshersteller festgelegten Gerätesprache formuliert ist. Struktur 3 in Bild 4-3 zeigt die zusätzliche Sprachebene.

Die Steuerung von Funktionsabläufen setzt immer den Entwurf von Schaltwerken voraus. Diese sollten deshalb mit der Projektierungssprache unmittelbar zu beschreiben sein. Ihre Umwandlung in Maschinensprache ist, wie in Abschnitt 3.2.4 gezeigt, auf zwei verschiedene Arten möglich:

    a) Abbildung auf gekoppelte Boolesche Schaltfunktionen;
    b) direkte Generierung eines Schaltwerkalgorithmus.

Bei einem Vorgehen nach a) ergibt sich eine einheitliche Schnittstellenbeschreibung für Schaltnetze und Schaltwerke; bei der Möglichkeit b) ist dagegen eine Aufgliederung in zwei verschiedene Datenstrukturen unumgänglich:

    - in SS_I zur Darstellung der binären Verknüpfungen in
      den Schaltnetzen und
    - in SS_{II} zur Beschreibung der Zustände und Zustands-
      übergänge innerhalb der Schaltwerke.

Es resultiert ein Systemaufbau, wie Struktur 4 in Bild 4-3 ihn zeigt. Der Anwender kann unterschiedliche Generieralgorithmen /37/ alternativ anwählen; er erlangt dadurch einen Einfluß auf Speicherbedarf und Zykluszeit der Steuerung. Der Binder übernimmt die Integration der einzelnen übersetzten Teile zu einem Gesamtprogramm. Es lassen sich bei Bedarf noch Makros oder Unterprogramme aus einer speziellen Bausteinbibliothek hinzunehmen. Diese sind in der jeweiligen Gerätesprache abgefaßt und ermöglichen so auch die Nutzung leistungsfähiger, SPS-spezifischer Operationen.

Das skizzierte Programmgerüst muß nun noch um die Moduln für die Hardwarekonfiguration und Signalbelegung sowie für die Dokumentation der Ergebnisse ergänzt werden. Die Behandlung der beiden erstgenannten Aufgaben hat i. a. gerätespezifische Eigenheiten zu berücksichtigen. Ihr Umfang hängt vor allem vom angestrebten Automatisierungsgrad der Hardwareprojektierung ab. Die Resultate werden erst bei der Erzeugung der absoluten SPS-Anweisungen benötigt. Es ist deshalb zweckmäßig, die entsprechenden Systemteile erst unmittelbar davor einzufügen. Bei der Dokumentation ist ein schritthaltendes Generieren vorteilhaft. Einerseits kann man im Falle auftretender Fehlerzustände den Umsetzungsprozeß ohne Informationsverlust sofort abbrechen, andererseits stehen die Ausgaben in unmittelbarem Bezug zum erreichten Bearbeitungszustand. Programme zur Dokumentation werden daher am besten in bzw. hinter denen des zugehörigen Übersetzungsschritts angeordnet.

4.3 Definition der Sprachen

4.3.1 Projektierungssprache

Bei der Definition der Projektierungssprache stellen sich die Anforderungen von drei Seiten: dem vorgesehenen Einsatzgebiet, der Handhabung durch den Konstrukteur und der Verarbeitung durch den Rechner.

Der erste Punkt berührt vor allem den semantischen Aspekt. Die Steuerungsbeschreibung sollte in ihrer Art auf die Problemstellungen von Funktionssteuerungen ausgerichtet sein. Sowohl Verknüpfungssteuerungen mit einer großen Zahl simultan wirkender, binärer Funktionen, als auch Ablaufsteuerungen mit zusätzlichen Zustandsspeichern müssen einfach zu beschreiben sein. Den entsprechenden sprachlichen Ausdrucksmitteln dürfen keine gerätespezifischen Beschränkungen bzw. Besonderheiten anhaften. Der zweite Punkt, die Handhabung, verlangt nach einem geringen Schreibaufwand und einer guten Lesbarkeit. Letztere läßt sich allein schon durch eine zweckmäßige Wahl von Symbolen und Sprachworten beträchtlich steigern. Darüberhinaus ist ein angemessenes Sprachniveau zu fordern. Dieses sollte nicht zu niedrig gehalten sein (vgl. VDW-Standardsprache /25/), sondern deutlich oberhalb der Gerätesprachebene liegen. Denn erst mit linguistischen Elementen zur Strukturierung der Aufgabenstellung (z. B. für eine Zerlegung in einzelne Funktionseinheiten, eine individuelle Behandlung der Betriebsarten oder eine Zusammenfassung der Funktionen nach ihrer Bedeutung) erfährt der Benutzer die erhofften Vorteile.

Die maschinelle Übersetzung der Steuerungsbeschreibung schließlich erfordert exakt festgelegte Syntaxvorschriften. Diese sollten einfach sein, eine eindeutige Formulierung gestatten und auf systematische Weise zu analysieren sein.

In /27/ wird eine nach diesen Gesichtspunkten entwickelte Sprache vorgeschlagen. Sie enthält Elemente zur Beschreibung der Struktur und Wirkungsweise einer Steuerung sowie zu deren Anpassung an das Steuerungsgerät (Bild 4-4).

Die Vorgabe von Einzelfunktionen geschieht durch Formulierung Boolescher Ausdrücke bzw. Gleichungen. Diese verkörpern ein Schema zur Berechnung des Funktionswerts aus den Werten der

---

1. Beschreibung der Struktur eines Schaltsystems
- Vereinbarung von Funktionseinheiten mit beliebigen Zustandsgraphen
- Vereinbarung von Funktionseinheiten mit katalogisierten Zustandsgraphen
- Vereinbarung von Funktionseinheiten mit rein kombinatorischem Charakter

2. Beschreibung der Wirkungsweise eines Schaltsystems
- Angabe von Initialisierungsbedingungen für jeden Zustandsgraphen
- Angabe von Übergangsbedingungen für jeden Zustandsgraphen
- Angabe von Schrittsetzbedingungen für einzelne Zustandsgraphen
- Angabe von Ausgangsfunktionen (für Stellglieder und Meldeeinrichtungen)
- Angabe von Hilfsfunktionen
- Angabe von Markierungsspeicherfunktionen
- Angabe von Zeitfunktionen (Einschaltverzögerungen)
- Angabe von Funktionsbausteinen (Bereitstellung in einer Bausteinbibliothek)

3. Beschreibung der Vorgaben zur Auslegung der Steuerungshardware
- Vereinbarung von SPS-Peripheriebaugruppen
- Vereinbarung von Signaltypen
- Vereinbarung einer Signalbelegung

Bild 4-4: Sprachliche Ausdrucksmittel der Projektierungssprache RENEST

Definition der Grammatik: $\Gamma = (\Sigma, M, \mu_0, P)$	$\vee$	Verknüpfungszeichen für Disjunktion
	$\wedge$	Verknüpfungszeichen für Konjunktion
Alphabet der Grundsymbole: $\Sigma = \{\vee, \wedge, ^-, (,), X\}$	$^-$	Verknüpfungszeichen für Negation
Alphabet der Metasymbole: $M = \{\beta, \varkappa, \varepsilon\}$	$($	öffnende Klammer
Satzsymbol: $\mu_0 = \beta$	$)$	schließende Klammer
Regelsystem: $P = \{\beta \rightarrow \varkappa$, $\beta \rightarrow \beta \vee \varkappa$,	X	binäre Schaltvariable
$\varkappa \rightarrow \varepsilon$, $\varkappa \rightarrow \varkappa \wedge \varepsilon$,	β	Boolescher Ausdruck
$\varepsilon \rightarrow (\beta)$, $\varepsilon \rightarrow \varepsilon^-$,	$\varkappa$	konjunktiver Boolescher Ausdruck
$\varepsilon \rightarrow X$ $\}$	ε	elementarer Boolescher Ausdruck

Bild 4-5: Operatorprioritätsgrammatik zur Beschreibung
Boolescher Ausdrücke

beteiligten Signale; sie haben daher einen rein operativen
Charakter. Um bei der Übersetzung ein schnelles, determi-
niertes Analyseverfahren (vgl. Abschnitt 4.4.2.1 ff) anwenden
zu können, ist die zugrundeliegende Syntax - wie in Bild 4-5
gezeigt - als eine spezielle Operatorprioritätsgrammatik
/45/ definiert. Sie stimmt mit der üblichen mathematischen
Schreibweise /33/ überein.

Bei der Vereinbarung von Zustandsgraphen liegen demgegenüber
beschreibende Ausdrucksmittel vor, die keine Entsprechung in
der Gerätesprache haben. Der Benutzer beschreibt zwar, welche
Struktur das zugehörige Schaltwerk haben soll und wie es sich
zu verhalten hat, nicht aber, wie es zu realisieren ist. Das
Verfahren zur eigentlichen Programmerstellung ist als Stan-
dardalgorithmus im Kompilierer niedergelegt. Der erst erzeugt
die richtige Folge von SPS-Operationen.

4.3.2 Schnittstellensprache

Die Schnittstellensprache ist nicht für die Kommunikation mit
dem Menschen gedacht und kann deshalb ein DVA-gerechtes, ab-

straktes Aussehen haben. Sie schafft günstige Voraussetzungen
für eine dicht gepackte Ablage auf Dateien und für eine
einfache Verarbeitung durch den Rechner. Ihre Schnittstellen-
funktion kann die Sprache allerdings nur dann erfüllen, wenn
sie auf einem universellen Strukturkonzept aufbaut. Die Aufgliederung in je einen Teil für Schaltnetze und Schaltwerke
ist, wie bereits in Abschnitt 4.2.2 begründet, notwendig.

4.3.2.1 Rechnerinterne Darstellung Boolescher Schaltfunktionen

Eine Datenstruktur, welche die binären Verknüpfungen eines
Schaltnetzes repräsentiert, muß zumindest folgenden vier Anforderungen genügen:

- Sie darf keinerlei Beschränkungen bezüglich Länge und
  Aufbau der Schaltfunktionen unterliegen.
- Sie muß den ursprünglichen semantischen Gehalt voll
  bewahren.
- Sie sollte mit geringem Speicherbedarf zu verwirk-
  lichen sein.
- Sie muß schließlich vom Rechner einfach zu verarbeiten
  sein.

Dem letztgenannten Punkt kommt vor allem bei der Anpassung an
die verschiedenen speicherprogrammierten Steuerungen große
Bedeutung zu. Einige Problemkreise, die es dabei zu lösen
gilt, seien angeführt:

- syntaktische Überarbeitung (Eliminieren überzähliger
  Klammerpaare);
- semantische Plausibilitätskontrolle (Aufdecken von
  fehlerverdächtigen Verknüpfungen);
- Minimierung einzelner Schaltfunktionen (Eliminieren
  redundanter Verknüpfungen, Herauslösen identischer
  Teilausdrücke);
- Anpassung der Klammerstruktur an die spezielle Gerätesprache (Ersetzen von Klammerausdrücken durch

Hilfsfunktionen, soweit nötig);
- Anpassung der Termlänge (Stückelung überlanger Terme durch Einführen von Hilfsfunktionen).

Für die rechnerinterne Darstellung kommen drei Alternativen in Betracht: Die Form einer Schalttabelle oder die Operatorenschreibweise als lineare Liste bzw. als Baumstruktur.

a) <u>Beschreibung mittels Schalttabelle</u>

Jede Schaltfunktion kann bekanntlich in eine Schalttabelle überführt werden (vgl. Bild 3-9). Hierzu sind bei n unabhängigen Variablen alle 2^n möglichen Wertekombinationen und die dazugehörigen Funktionswerte abzulegen, insgesamt also $(n+1) \cdot 2^n$ binäre Elemente. Es ist unmittelbar zu erkennen, daß das Verfahren einen großen Speicherbereich beansprucht: Selbst wenn man jeweils n+1 Bit in einem Speicherwort unterbringt, benötigt man immer noch 2^n Worte (eine Gleichung mit 10 Variablen z. B. erfordert bereits 1024 Worte). Jede hinzukommende Variable verdoppelt den Bedarf. In noch größerem Maße wachsen die Rechenzeiten; die Grenzen des Machbaren sind rasch erreicht. Ein weiterer schwerer Nachteil dieser Darstellungsweise ist, daß mit ihr ein Informationsverlust einhergeht. Bei der Wiedergewinnung der Verknüpfungen - sie geschieht durch Aufstellen der kanonischen disjunktiven bzw. konjunktiven Normalform - werden viele ursprünglich einfache Funktionen sehr umfangreich. Sie lassen sich nur durch aufwendige Optimierverfahren rekonstruieren.

Ein kleines Beispiel verdeutlicht dies: Statt der eingegebenen Gleichung

$$Y = X_A \vee (X_B \wedge X_C)$$

erhält man ohne Minimierung

$$Y = (X_A \wedge \overline{X}_B \wedge \overline{X}_C) \vee (X_A \wedge X_B \wedge \overline{X}_C) \vee (X_A \wedge \overline{X}_B \wedge X_C) \vee (\overline{X}_A \wedge X_B \wedge X_C) \vee (X_A \wedge X_B \wedge X_C)$$

b) <u>Operatorenschreibweise, abgebildet auf eine lineare Liste</u>

Mit einer Beschreibungsform, die die Booleschen Operations-
symbole auch rechnerintern beibehält, lassen sich die angeführten Probleme umgehen. Voraussetzung hierfür ist eine
zahlenmäßige Verschlüsselung (Kennung) der einzelnen Elemente
einer Schaltfunktion. Zu ihnen zählen: Signalnamen, Verknüpfungszeichen, Klammern und Trennzeichen. Es ist naheliegend,
die Kennungen in der Reihenfolge ihres Auftretens in hin-
tereinanderliegenden Speicherplätzen eines Datenfeldes einzutragen. So entsteht eine Datenstruktur, die man als lineare
Liste bezeichnet. Sie läßt sich bereits im Stadium der
lexikalischen Analyse leicht und auf engstem Raum einrichten.
Für die Verarbeitung in den nachfolgenden Übersetzungs-
schritten erweist sich die lineare Liste allerdings als etwas
zu unhandlich. So sind beispielsweise etliche Suchvorgänge
nur deshalb nötig, weil sich in ihr der innere Aufbau der
Schaltfunktion nicht widerspiegelt.

c) <u>Operatorenschreibweise, abgebildet auf einen Baum</u>

Durch eine zusätzliche Gliederung der Daten, die der Klammerstruktur der Gleichung angepaßt ist, läßt sich auch diesem
Mangel begegnen. Man bekommt auf diese Weise mehrere, gleich-
artig aufgebaute lineare Listen variabler Länge, im folgenden
kurz Sätze genannt. Sie enthalten jeweils nur noch einen
Booleschen Ausdruck mit einheitlicher Verknüpfungsvorschrift
(Fundamentalausdruck /46/). Wie aus Bild 4-6 hervorgeht, er-

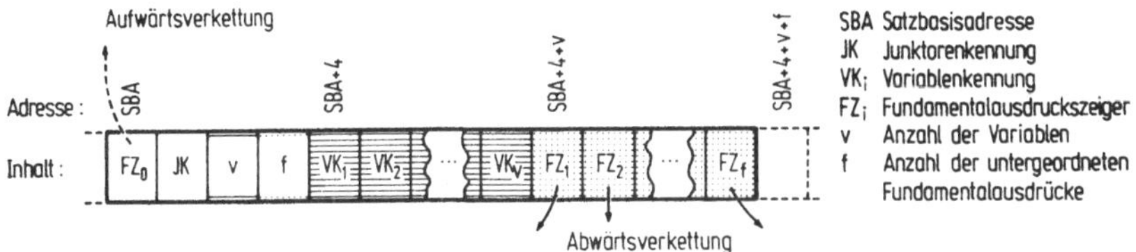

<u>Bild 4-6:</u> Darstellung eines Fundamentalausdrucks in einem Satz

scheinen als Satzelemente einerseits die Variablenkennungen, andererseits Verweisadressen (Zeiger) auf untergeordnete Terme. Erstere sind Daten, letztere realisieren die Abwärtsverkettung. Eine zusätzliche Aufwärtsverkettung bringt Vorteile bei der Verarbeitung. Auf sie sollte trotz eines größeren Speicher- und Verwaltungsaufwands nicht verzichtet werden. Den Zugang zum Baum weist ein Referenzsatz, der Anker. Bild 4-7 verdeutlicht die Zusammenhänge an einem Beispiel.

Jeder der Sätze fügt sich - wegen der eindeutigen Identifizierbarkeit seines einen Vorgängers und seiner sämtlichen Nachfolger - in eine streng hierarchische Ordnungsrelation ein, die in struktureller Hinsicht der Klasse der Arboreszenzen (vgl. Abschnitt 4.1) zuzurechnen ist. Eine wesentliche Eigenschaft einer derartigen Datenstruktur ist, daß man sie

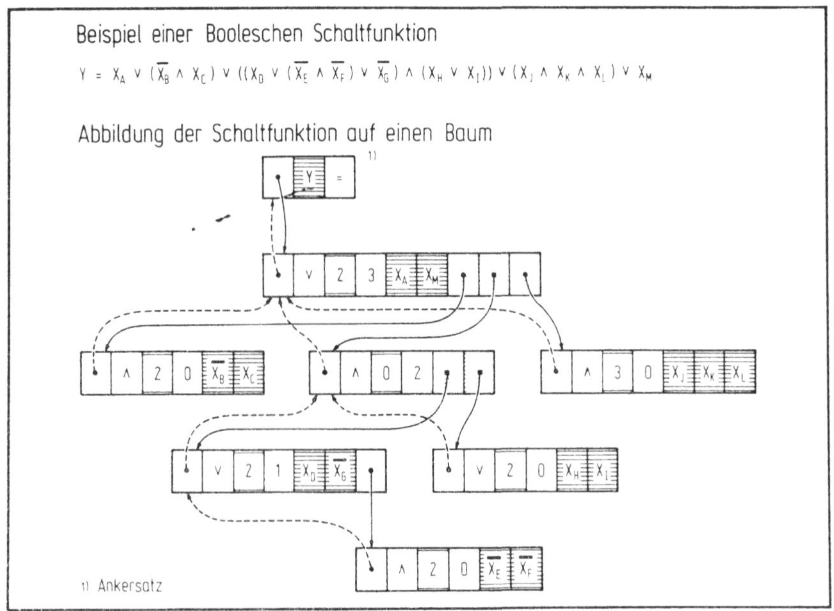

Bild 4-7: Rechnerinterne Darstellung einer Booleschen Schaltfunktion

rekursiv begreifen kann: Jede Zerlegung eines Baums führt wiederum auf Bäume. Dieses Prinzip kann bei der vorliegenden Anwendung für die Anpassung der Klammerstruktur an ein spezielles Steuerungsgerät vorteilhaft genutzt werden. Darüberhinaus ermöglicht es bei der eigentlichen Übersetzung eine systematische Abarbeitung der Daten auf der Basis eines rekursiven Transformationsschemas.

Im Hinblick auf die überwiegende Zahl der bekannten SPS-Gerätesprachen stellt die unter Punkt c skizzierte Datenstruktur eine günstige Schnittstellensprache dar, von der ausgehend die eingangs genannten Einzelaufgaben relativ leicht gelöst werden können. Für den noch ausstehenden Entwurf der Verarbeitungsalgorithmen ist mit ihrer Definition eine wichtige Voraussetzung erfüllt. Die einzelnen Daten lassen sich, mit der syntaktischen Analyse einhergehend, aus der zuvor erläuterten Beschreibungsform systematisch gewinnen und ablegen.

4.3.2.2 Rechnerinterne Darstellung von Schaltwerken

Ein weiteres Problem, das man klären muß, ist die Abbildung des Zustandsgraphen - dem Modell eines zu realisierenden Schaltwerks - in ein formales, rechnergerechtes Darstellungsmittel. Sie soll direkt erfolgen, d. h. ohne den Umweg über die binäre Strukturbeschreibung. Es ist daher eine weitere Datenstruktur zu konzipieren.

Für diesen Teil der Schnittstellensprache gelten folgende Anforderungen:

- Die Zustandsgraphen müssen beliebiges Aussehen haben dürfen. Dies bezieht sich zum einen auf die Anzahl der Zustände, d. h. auch wenn ein Schaltwerk im Durchschnitt nicht mehr als sieben Zustände aufweist, muß dennoch die Möglichkeit zum Entwurf auch sehr viel größerer Funktionseinheiten bestehen. Zum anderen ist von dieser Forderung die erreichbare Zahl der Übergänge

betroffen. Das Spektrum reicht von gering (bei gerad-
linigen, einseitig gerichteten Schrittketten) bis hin
zu sehr groß (bei stark vermaschten Graphen).

- Die Datenstruktur sollte auf die sie verarbeitenden Algorithmen ausgerichtet sein. Hier ergibt sich jedoch
  eine Schwierigkeit: Beim einen der beiden Verfahren zur
  Direktübersetzung stehen die einzelnen Übergänge im
  Vordergrund, beim anderen dagegen die Zustände. Kompro-
  misse in der einen oder anderen Richtung sind daher un-
  vermeidbar. Von ausschlaggebender Bedeutung ist letzt-
  endlich der Bedarf an Speicherplatz.

In Bild 4-8 sind zwei in Betracht zu ziehende Datenstrukturen
an einem konkreten Beispiel aufgezeigt. Die erste nimmt in
einer Liste die Beschreibung aller existierenden Übergänge

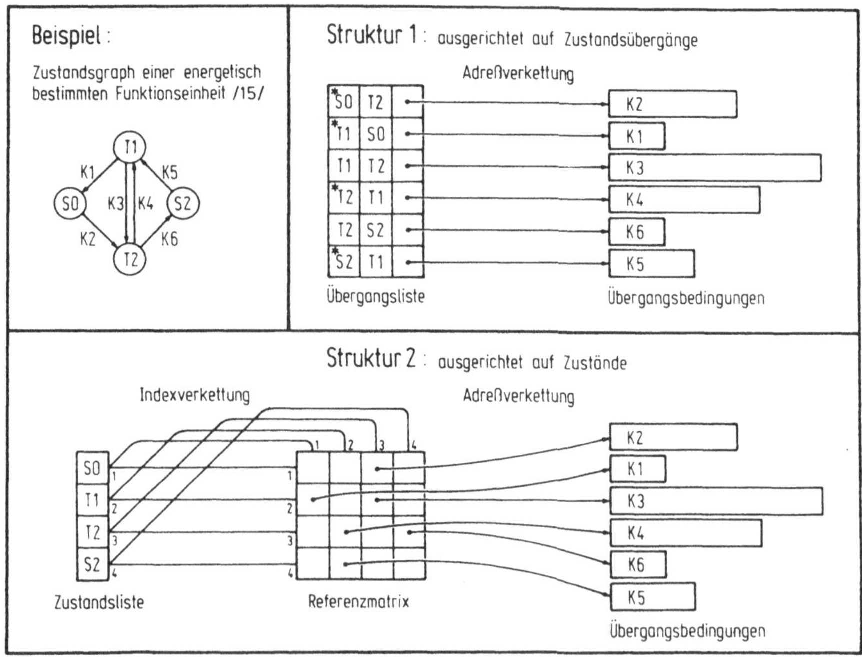

Bild 4-8: Datenstrukturen zur Darstellung von Zustandsgraphen

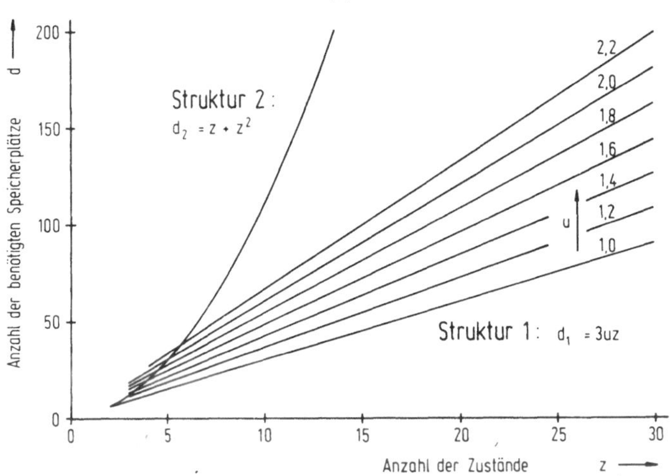

Bild 4-9: Speicherbedarf der beiden Datenstrukturen

auf, bestehend aus den Kennungen für den Ursprungs- und den Zielzustand. Sie bietet einen direkten Zugang auf die dazugehörigen Übergangsbedingungen in der Schaltfunktionendatei. Die zweite Struktur gründet auf einer Zustandsliste. Der Zugriff erfolgt bei ihr auf dem Umweg über eine Referenzmatrix.

Beide Verfahren sind für eine effektive Verarbeitung in etwa gleich gut geeignet. Die in einem Fall fehlende Zustandsliste kann durch Markieren (im Bild mit *) aller erstmalig auftretender Zustände der Übergangsliste nachgebildet werden. Erst ein Vergleich der beanspruchten Speicherkapazitäten (Bild 4-9) spricht deutlich zugunsten von Struktur 1. Sie wird deshalb für die nachfolgenden Entwurfsschritte als Entwicklungsgrundlage definiert.

4.3.3 Geräte- und Maschinensprache

Sowohl die Geräte- als auch die Maschinensprache ist eine Zielsprache des jeweils zu erstellenden Kompilierers (siehe Struktur 4 in Bild 4-3). Die Gerätesprache dient vor allem der Dokumentation und Archivierung. Sie ist jedoch bezüglich der Programmiereinrichtungen des Steuerungsherstellers zugleich eine Vorstufe der Maschinensprache. Die Syntax und Semantik der beiden Sprachebenen legt allein der Steuerungshersteller fest. Ihre Anweisungen haben operativen Charakter.

Einer einheitlichen Behandlung der unterschiedlichen Gerätesprachen stehen zunächst die sehr ungleichen Formate entgegen. Differenziert man jedoch zwischen DVA-interner und -externer Darstellungsweise, dann läßt diese sich zumindest für die erstgenannte Form - die in Bild 4-3 zusätzlich mit aufgeführte Basissprache - erreichen: Ein Steuerungsprogramm wird satzweise auf die SPS-Programmdatei geschrieben. Jeder Satz nimmt genau eine Anweisung auf und gliedert sich wie diese selbst in Felder für die Marke, die Operationsvorschrift und den bzw. die Operanden.

Die im folgenden entwickelten Methoden beruhen ausschließlich auf dem im Abschnitt 3.1.2.3 beschriebenen Operationsvorrat eines Modellprozessors. Da sie, wie sich zeigt, jedoch auch bei der Programmierung sehr vieler realer Steuerungsgeräte in dieser oder zumindest ganz ähnlicher Weise zur Anwendung gelangen können, ist die exemplarische Behandlung durchaus gerechtfertigt.

4.4 Verfahren zur Übersetzung der Steuerungsbeschreibung

Nachdem nun die Sprachebenen aus Bild 4-3 definiert sind, gilt es, näher auf die für jeden Übersetzungsschritt nötigen Algorithmen einzugehen. Die problemspezifischen Fragestellungen werden jedoch nur insoweit behandelt, als sie durch die Fachliteratur /43,45 u. a./ nicht bereits abgedeckt sind.

4.4.1 Lexikalische Analyse

Die Hauptaufgabe der lexikalischen Analyse besteht im Aufbereiten des Quellprogrammtextes. Zu ihrer Lösung sind mehrere Teilkomplexe zu bearbeiten (Bild 4-10).

Eingabezeichenkette auf externem Datenträger

| < | V | E | N | T | I | L | > | | Q | L | A | / | | 3 | Y | 7 | = | 3 | K | 2 | 4 | ' | * | 3 | S | 8 | ; | ETX |

Kommentar   LZ   Vokabel   TZ   LZ   Symbol   OZ   Symbol   OZ   OZ   Symbol   TZ   SZ

Eingabezeichenkette in rechnerinterner Darstellung

| 46 | 31 | 14 | 23 | 29 | 18 | 21 | 50 | 48 | 26 | 21 | 10 | 49 | 48 | 03 | 34 | 07 | 41 | 03 | 20 | 02 | 04 | 37 | 38 | 03 | 28 | 08 | 42 | 53 | ... |

Eingabezeichenkette in aufbereiteter Form

| Morphemkennung | 310 | 5 | 4 | 173 | 4 | 129 | -1 | 2 | 153 | 6 | | ... |
| Morphemklasse | 4 | 1 | 6 | 2 | 5 | 2 | 5 | 5 | 2 | 6 | | ... |

Die Kennung besteht aus einem Zeiger

ETX   "end of text" (Steuerzeichen zur Datenübertragung)
LZ Leerzeichen   OZ Operationszeichen   SZ Steuerzeichen   TZ Trennzeichen

Bild 4-10: Lexikalische Analyse der Projektierungssprache

Zunächst muß die Eingabezeichenkette abschnittsweise vom externen Datenträger abgeholt und in eine zahlenmäßige, interne Darstellung überführt werden. Aus Gründen der Portabilität des Programmpakets sollte diese vom DVA-spezifischen Zeichencode unabhängig sein.

Im Anschluß daran mustert der Kompilierer diese Datenmenge systematisch durch und analysiert dabei die Mikrostruktur der Anweisungen. Es gilt, die kleinsten sprachlichen Gebilde - die sogenannten Morpheme - aufzuspüren, zu rekonstruieren und durch geeignete Maßnahmen auseinander zu halten. Folgende Morphemklassen sind zu unterscheiden:

a) Vokabeln   - Sprachworte mit festgelegter Bedeutung zur Kennzeichnung von Anweisungstypen;

b) Symbole   - frei wählbare Namen zur Benennung von Signalen etc.;

c) Zahlen   - zur Angabe von Zeit- und Zählwerten;

d) Zeichenketten   - Kommentare zur Erläuterung der Eingabe bzw. zur Übernahme in den SPS-Programmausdruck;

e) Operationszeichen - z. B.: Boolesche Verknüpfungszeichen;
f) Trennzeichen - zur Trennung einzelner Informationen;
g) Steuerzeichen - z. B.: Code-, Format-, Datenübertragungssteuerzeichen;
h) Leerzeichen - typographisches Sonderzeichen.

Im nächsten Schritt erfolgt die lexikalische Umwandlung. Sie bewirkt eine Verdichtung des Programmtextes, ohne dabei wichtige Informationen zu verlieren. Die einzelnen Morpheme werden verschlüsselt und der Reihe nach auf eine lineare Liste abgebildet. Ausgenommen davon sind nur Steuerzeichen, Leerzeichen und Kommentare. Mit der Sprachaufbereitung zeitlich einhergehend wird zweckmäßigerweise eine Tabelle mit den im Quellprogramm vorkommenden Symbolen samt deren Kenndaten angelegt. Zuletzt ist ein Protokoll der Eingabe zu erstellen.

4.4.2 Syntaktische Analyse

Der syntaktischen Analyse fallen drei Aufgabenbereiche zu:

- die Überprüfung der Zeichenkette auf grammatikalische Richtigkeit,
- die Generierung der Schnittstellenphase und
- die Behandlung aufgedeckter Formfehler.

Das Prüfproblem geht man am besten durch ein schrittweises Zerlegen des aufbereiteten Quelltextes an. Die dabei zu bewältigenden Schwierigkeiten hängen einerseits von der eingeschlagenen Analysestrategie ab, andererseits von der Art und Anzahl der zugrundeliegenden Syntaxvorschriften.

4.4.2.1 Festlegung geeigneter Analyseverfahren

Zur Untersuchung der Makrostruktur einer Anweisung kommen zwei gegensätzliche Vorgehensweisen in Betracht /43/. Die eine - man charakterisiert sie als zielorientiert oder "top down" - geht von einem bevorzugt behandelten Satzsymbol aus.

Auf dieses wendet man eine der durch die Grammatik definierten Regeln an und ersetzt es durch die darin ausge-
wiesenen Grund- bzw. Metasymbole. Der Vorgang wird solange
wiederholt, bis nur noch solche Grundsymbole übrig bleiben,
die mit den Morphemen der aufbereiteten Eingabezeichenkette
übereinstimmen. Das ursprungsorientierte Verfahren ("bottom
up") verfolgt demgegenüber den umgekehrten Weg: vom einzelnen
Morphem hin zum Satzsymbol. Die Methoden lassen sich auch
miteinander kombinieren.

Bei beiden Strategien kann es vorkommen, daß man im Verlauf
der Analyse auf mehrdeutige Stellen stößt. Die verschiedenen
Möglichkeiten müssen dann solange durchprobiert werden, bis
sich schließlich ein widerspruchsfreier Weg eröffnet. Das
Ganze ist mit einem großen Verwaltungsaufwand und mit langen
Rechenzeiten verbunden. Die Sackgassenproblematik kann allerdings umgangen werden, wenn es gelingt, die Grammatik so zu
definieren, daß bei jedem Analyseschritt die als nächstes
anzuwendende Regel eindeutig festliegt. Man spricht in diesem
Fall von einem deterministischen Verfahren.

Mit der Projektierungssprache RENEST (vgl. Sprachbeschrei-
bung in /27/) liegt eine deterministische, kontextfreie Satz-
gliederungssprache vor. Bei ihrer Festlegung haben die An-
wendungsbezogenheit und Einfachheit der sprachlichen Konstruktionen als Hauptforderungen im Vordergrund gestanden.
Für die programmtechnische Verwirklichung der Syntaxkontrolle
bietet sich eine zugeschnittene, festprogrammierte Lösung an,
mit dem Vorteil, an geeigneter Stelle die Strategie wechseln
zu können. Für die Rahmenanalyse kommt die zielorientierte
Methode in Frage, mit der die zahlreichen rechtsrekursiven
Syntaxregeln ($\mu \rightarrow \omega\mu$, wobei μ ein Metasymbol, ω eine Symbol-
kette. Beispiel: ⟨Liste⟩ $\longrightarrow$ ⟨Listenelement⟩,⟨Liste⟩) leicht
zu zerlegen sind; die Booleschen Ausdrücke dagegen sind wegen
der Operatorprioritätsgrammatik (vgl. Abschnitt 4.3.1)
schneller mit einem ursprungsorientierten Prüfverfahren zu
untersuchen.

4.4.2.2 Algorithmus zur Analyse Boolescher Ausdrücke

Die Zerlegung Boolescher Ausdrücke soll hier - stellvertre-
tend für die übrigen Analysealgorithmen - näher vorgestellt
werden. Zwei Prinzipien kommen für den Strukturierungsvorgang
in Frage:

a) Das iterative Erkennen

   Bei ihm liest der Übersetzer den Quelltext mehrmals
   durch, schenkt dabei seine Aufmerksamkeit jedoch nur
   den momentan relevanten Teilen. Der entsprechende
   Algorithmus ist relativ einfach zu konzipieren, im
   Einsatz jedoch zeit- und speicherintensiv.

b) Das sequentielle Erkennen

   Mit nur einem einzigen Lesevorgang ist die Methode ungleich effektiver. Bei der gegebenen Operatorprioritätsgrammatik gestaltet sie sich zudem sehr systematisch. Es wird ihr deshalb der Vorzug eingeräumt.

Voraussetzung für das nachfolgend gezeigte Verfahren ist die
Aufstellung einer sogenannten Prioritätenmatrix. Mit den in
der Grammatik aufgeführten Operatoren - zu denen, um Aus-
nahmeregelungen zu vermeiden, noch ein Anfangs- und Endezei-
chen hinzutritt - werden zu diesem Zweck alle denkbaren
Paare gebildet und daraufhin untersucht, ob sie in einem syn-
taktisch richtigen Ausdruck vorkommen können. Trifft dies
nicht zu, dann wird ein Regelverstoß oder die Endebedingung
vermerkt, ansonsten definiert man eine Vorrangbeziehung π
und trägt diese in die Matrix ein (Bild 4-11). Zur symbol-
haften Beschreibung der drei möglichen Prioritätsrelationen
dienen die folgenden Zeichen:

$<$ bei niedrigerem Rang des ersten Operators (Zeile)
     gegenüber dem zweiten (Spalte),

$\doteq$ bei gleichem Rang und

$>$ bei höherem Rang.

		¬	V	∧	$-$	(	)	⊢
Anfangsbegrenzung	¬	Fehler	<·	<·	<·	<·	Fehler	Ende
Disjunktion	V	Fehler	>·	<·	<·	<·	>·	>·
Konjunktion	∧	Fehler	>·	>·	<·	<·	>·	>·
Negation	$-$	Fehler	>·	>·	Fehler	Fehler	>·	>·
Öffnende Klammer	(	Fehler	<·	<·	<·	<·	≐	Fehler
Schließende Klammer	)	Fehler	>·	>·	>·	Fehler	>·	>·
Endbegrenzung	⊢	Beginn	Fehler	Fehler	Fehler	Fehler	Fehler	Fehler

Bild 4-11: Prioritätenmatrix zu der in Bild 4-5 definierten Grammatik

Die algorithmische Verarbeitung eines Booleschen Ausdrucks verläuft nach dem Prinzip eines Akzeptorautomaten mit Kellerspeicher.

Im Keller seien die Symbole $\alpha_1 \ldots \alpha_i$ eingeschrieben, als Eingabe liege das Quelltextsymbol α_E an. Das jeweils zu betrachtende Kellersymbol ist $\alpha_K = \alpha_i$, sofern $\alpha_i \in \Sigma \setminus \{X\}$, sonst $\alpha_K = \alpha_{i-1}$. Bei jedem Schritt prüft man zunächst, ob eingangsseitig ein Grundsymbol X ansteht. Gegebenenfalls ist dieses in das Metasymbol ε umzuwandeln und in den Keller zu bringen, andernfalls entnimmt man der Prioritätenmatrix die Vorrangsbeziehung zwischen α_K und α_E . In den Fällen $\alpha_K \doteq \alpha_E$ und $\alpha_K <\!\cdot\; \alpha_E$ wird das Eingabesymbol eingespeichert und ein neues Morphem gelesen. Wenn jedoch $\alpha_K >\!\cdot\; \alpha_E$ ist, wird mit dem größtmöglichen j $(1 \leqq j < i)$ im Kellerspeicher das Grundsymbol α_j gesucht, für das gilt:

$$\text{entweder} \quad \alpha_j <\!\cdot\; \alpha_{j+1} \quad \text{für} \quad \alpha_{j+1} \in \Sigma \setminus \{X\}$$
$$\text{oder} \quad \alpha_j <\!\cdot\; \alpha_{j+2} \quad \text{für} \quad \alpha_{j+1} \in M$$

Nun wird eine geeignete Regel $\mu \longrightarrow \omega \in P\cdot$ gesucht, für die $\omega = \alpha_{j+1} \ldots \alpha_i$ ist. Bei den darin enthaltenen Metasymbolen sind im allgemeinen auch noch alle möglichen identischen Umformungen mit zu berücksichtigen. Durch die sich an-

| | Symbole im Kellerspeicher | | | | | | | | | Keller-symbol | Prioritäts-relation | Eingabe-symbol | Aktionen |
α_1	α_2	α_3	α_4	α_5	α_6	α_7	α_8	α_9	α_K	π	α_E	
⊣											X_A	umwandeln, einspeichern, lesen
⊣	ε_A								⊣	<·	∨	einspeichern, lesen
⊣	ε_A	∨									X_B	umwandeln, einspeichern, lesen
⊣	ε_A	∨	ε_B						∨	<·	∧	einspeichern, lesen
⊣	ε_A	∨	ε_B	∧					∧	<·	(	einspeichern, lesen
⊣	ε_A	∨	ε_B	∧	(						X_C	umwandeln, einspeichern, lesen
⊣	ε_A	∨	ε_B	∧	(	ε_C			(	<·	‾	einspeichern, lesen
⊣	ε_A	∨	ε_B	∧	(	ε_C	‾		‾	·>	∨	j = 6, mit $\varepsilon \rightarrow \varepsilon^-$ reduzieren
⊣	ε_A	∨	ε_B	∧	(	ε_1			(	<·	∨	einspeichern, lesen
⊣	ε_A	∨	ε_B	∧	(	ε_1	∨				X_D	umwandeln, einspeichern, lesen
⊣	ε_A	∨	ε_B	∧	(	ε_1	∨	ε_D	∨	·>	∨	j = 6, mit $\beta \rightarrow \beta \vee \varkappa$ reduzieren
⊣	ε_A	∨	ε_B	∧	(	β_2			(	<·	∨	einspeichern, lesen
⊣	ε_A	∨	ε_B	∧	(	β_2	∨				X_E	umwandeln, einspeichern, lesen
⊣	ε_A	∨	ε_B	∧	(	β_2	∨	ε_E	∨	·>	)	j = 6, mit $\beta \rightarrow \beta \vee \varkappa$ reduzieren
⊣	ε_A	∨	ε_B	∧	(	β_3			(	≐	)	einspeichern, lesen
⊣	ε_A	∨	ε_B	∧	(	β_3	)		)	·>	⊢	j = 5, mit $\varepsilon \rightarrow (\beta)$ reduzieren
⊣	ε_A	∨	ε_B	∧	ε_4				∧	·>	⊢	j = 3, mit $\varkappa \rightarrow \varkappa \wedge \varepsilon$ reduzieren
⊣	ε_A	∨	$\varkappa_5$						∨	·>	⊢	j = 1, mit $\beta \rightarrow \beta \vee \varkappa$ reduzieren
⊣	β_6								⊣	Ende	⊢	Analyse beenden

Bild 4-12: Syntaktische Analyse eines Booleschen Ausdrucks

schließende Reduktion ergibt sich dann ein neues i aus j+1 und das dazugehörige α_i aus μ . Wenn im Keller nur noch das Satzsymbol μ_0 steht, ist die Zerlegung erfolgreich beendet. Die Analyse des Booleschen Ausdrucks ⊣ $X_A \vee X_B \wedge (X_C^- \vee X_D \vee X_E) \vdash$ ist in Bild 4-12 in ihrem zeitlichen Ablauf gezeigt.

4.4.2.3 Generierung der Schnittstellenphase

Die zweite wichtige Aufgabe, die das Analyseprogramm zu übernehmen hat, betrifft das Erzeugen der jeweiligen Schnittstellendaten. Sie werden zweckmäßigerweise schritthaltend mit der Überprüfung behandelt, da dann die erforderlichen Informationen ohne zusätzlichen Aufwand verfügbar sind. Zu betrachten sind nur die Schaltfunktionen und Zustandsgraphen; alle anderen Eingabedaten haben vereinbarenden Charakter und ergeben keine ausführbaren Anweisungen im SPS-Programm.

Zunächst zu den Booleschen Ausdrücken: Bei jedem Reduktions-
vorgang nach einer der beiden Regeln $\beta \rightarrow \beta \vee \varkappa$ bzw.
$\varkappa \rightarrow \varkappa \wedge \varepsilon$ ist der Satz des zugehörigen Fundamental-
ausdrucks zu generieren. Der Algorithmus ist in Bild 4-13
wiedergegeben. Da bei den einzelnen Analyseschritten höchstens zweistellige Verknüpfungen erkannt werden, kann die
Synthese eines im allgemeinen längeren Satzes nur in mehreren
Schritten erfolgen. Die jeweils untergeordneten Fundamental-
ausdrücke mit gleichem Junktor werden in ihm mit aufgenommen
und hernach aus der Verkettung herausgelöst. Die dadurch ent-
standenen Lücken im Speicherbereich lassen sich durch eine
einfache Verschiebetechnik weitgehend beseitigen. Die Behand-

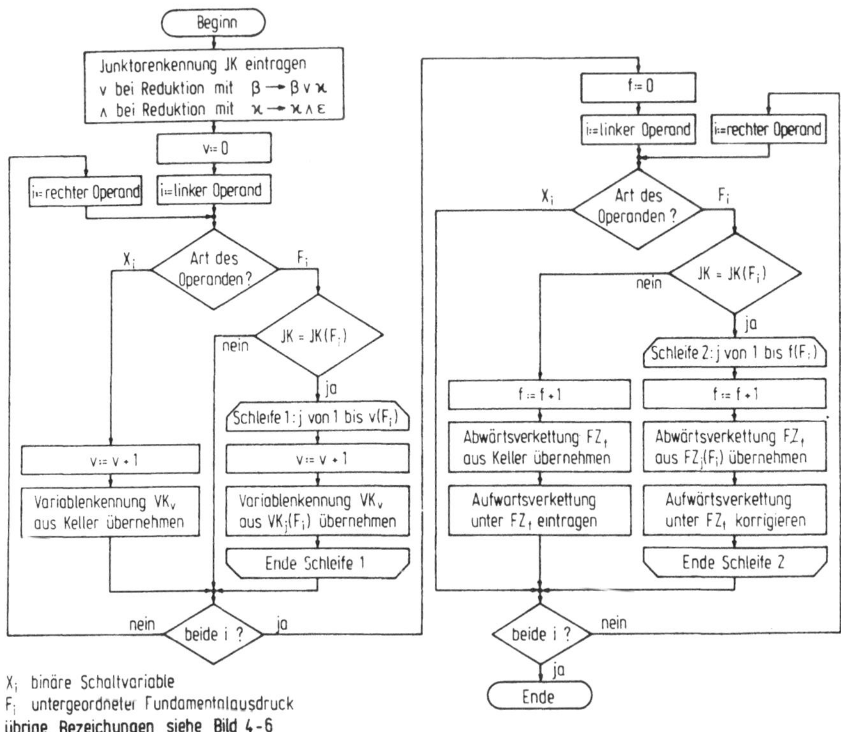

Bild 4-13: Algorithmus zur Generierung eines Fundamental-
ausdrucksatzes

lung der Negationsregel $\varepsilon \longrightarrow \varepsilon^-$ geht sehr rasch. Es ist nämlich nur das zum Operandensymbol gehörige Satzelement entsprechend zu kennzeichnen. Der Ankersatz wird erst bei erfolgreichem Abschluß der Analyse erstellt.

Der Aufbau der Schnittstelle für die Zustandsgraphen ist weit einfacher. Die an jedem Übergang beteiligten Zustände werden der Eingabesymbolkette der Reihe nach entnommen. Ihre Kennung trägt man unmittelbar in die Übergangsliste ein. Bei den katalogisierten Funktionseinheiten, bei denen die Zustände nicht explizit angeführt werden, ermittelt ein kurzes Unterprogramm die beiden.

4.4.2.4 Behandlung syntaktischer Fehler

Bei der Formulierung einer Steuerungsbeschreibung in der Projektierungssprache können dem Konstrukteur natürlich auch Fehler unterlaufen. Ihre Ursachen liegen zumeist in einer Abweichung von den bestehenden Formerfordernissen (Syntaxfehler), mitunter aber auch in einem unvollständigen oder gar gedanklich verfehlten Entwurf (Semantikfehler). Ein bloßes, versehentliches Verschreiben kann auf jede der beiden Fehlerarten führen. Da logische Zusammenhänge algorithmisch nicht überprüfbar sind, erkennt man semantische Ungereimtheiten im Steuerungsprogramm in der Regel erst zur Laufzeit, d. h. bei dessen Simulation, Test, Inbetriebnahme oder Einsatz.

Formverstöße dagegen kann schon der Kompilierer aufdecken. Je nachdem, ob
- eine Verletzung der Mikrostruktur,
- eine falsche Kombination von Morphemen oder
- eine Mißachtung von Kontextbedingungen
vorliegt, lassen sie sich bereits im Verlauf der lexikalischen bzw. syntaktischen Analyse oder aber erst bei der Verwaltung der Zusatzinformationen erkennen. Hinsichtlich der Behandlung von Syntaxfehlern sind folgende Punkte von Bedeutung:

a) Lokalisierung

Es ist ein Bezug zur Lage des Fehlers in der Eingabezeichenkette (Zeile, Spalte) herzustellen.

b) Klassifizierung

Die Fehler sind je nach ihrer Auswirkung in drei Gruppen einzuteilen. Dementsprechend führen sie zum Abbruch
der Zielprogrammerzeugung (schwerer Fehler), zum Ver-
such einer automatischen Korrektur (Warnung) oder nur
zu einem Hinweis.

c) Protokollierung

Eine Fehlermeldung (Nummer und Klartext) ist nach Möglichkeit zusammen mit der betroffenen Anweisung auszugeben. Die Abfolge der einzelnen Prüfschritte ist auf
Grund dieser Anforderung zeitlich ineinander zu ver-
zahnen.

d) Fortsetzung der Überprüfung

Sie soll möglichst rasch wieder normal weitergehen.
Einen starken stabilisierenden Effekt auf den Analyse-
vorgang bewirken vor allem die Trennzeichen.

4.4.3 Optimierung

Unter einer Optimierung der Steuerungsbeschreibung ist eine
Umformung zu verstehen, deren Ziel darin besteht, der Steuerung günstigere Leistungsmerkmale zu verleihen. Die wichtigsten Optimierkriterien sind die Größe des Programm- und
Signalspeichers sowie die durchschnittliche Zykluszeit. Alle
drei Zielgrößen stehen untereinander in enger Wechselbezie-
hung; sie können deshalb nicht isoliert gesehen werden.

Prinzipiell stellt jede der Sprachebenen einen Ansatzpunkt
für eine Optimierung dar. Als günstigste Stelle erweist sich
jedoch die Schnittstellenphase. Sie bietet eine überprüfte,
leicht auszuwertende Datenbasis und ermöglicht darüberhinaus
eine einheitliche, für alle Steuerungsgeräte gültige programmtechnische Lösung. Die Reichweite der einzelnen Optimieralgorithmen sollte sich vor allem an einem vernünftigen
Verhältnis von Aufwand und Nutzen ausrichten. Ersterer ist

durch eine überproportional anwachsende Rechenzeit gekennzeichnet, letzterer durch eine stetig fallende Wahrschein-
lichkeit, eine Vereinfachung vornehmen zu können. Eine Ein-
engung auf den Bereich einer Funktionseinheit, einer Gruppe
zusammengehöriger Funktionen oder gar nur einer Einzelfunk-
tion kann sich durchaus als notwendig erweisen.

In Bild 4-14 sind eine Reihe von Maßnahmen zur Optimierung
und ihre Auswirkungen auf die drei Zielgrößen angeführt. Auf
ihre rechentechnische Ausführung kann an dieser Stelle aus
Platzgründen nicht eingegangen werden.

Eine Bewertung der verschiedenen Punkte hat sich sowohl auf
die Wiedererkennbarkeit der Steuerungsbeschreibung im SPS-
Programm, als auch auf dessen Wartungsfreundlichkeit zu erstrecken. Sie zeigt, daß beide durch eine Optimierung zum
Teil erheblich beeinträchtigt werden. Als Fazit gilt: Eine

Maßnahmen zur Optimierung	Länge des SPS-Programms	Anzahl der Hilfsvariablen	durchschnittliche Zykluszeit
Eliminieren redundanter Verknüpfungen	kürzer	gleich	kürzer
Ersetzen identischer Verknüpfungen durch eine Hilfsfunktion mit einer jeweils eigenen Hilfsvariablen	kürzer	größer	kürzer
Ersetzen identischer Verknüpfungen durch eine Hilfsfunktion mit einer auch anderweitig verwendeten Hilfsvariablen	kürzer	geringfügig größer	kürzer
Zusammenfassen gleichartiger Verknüpfungen in einer Bausteinfunktion (SPS - Unterprogramm) [1]	kürzer	kleiner oder gleich	gleich
Verlegen von Verknüpfungen in seltener zu durchlaufende Programmteile [1]	gleich	gleich	kürzer
Generieren einer SPS - Programmablaufsteuerung zum Überspringen von zeitweise unerheblichen Programmteilen [1]	länger	gleich	kürzer

1) abhängig von der verwendeten speicherprogrammierten Steuerung

Bild 4-14: Möglichkeiten zur Optimierung von SPS-Programmen

automatische Optimierung ist nur dann sinnvoll, wenn der
Konstrukteur sie in Art und Umfang mit Hilfe von Steuer-
kommandos individuell beeinflussen kann. In jedem Fall ist
ein zurückhaltender Gebrauch der aufgezeigten Möglichkeiten
anzuraten.

4.4.4 Aufbereitung der Schnittstellendaten entsprechend den Beschränkungen der Gerätesprache

Die Hauptaufgabe dieses Übersetzungsschritts besteht in der
Umwandlung der abgelegten Informationen derart, daß der folgende Übersetzungsalgorithmus immer verarbeitungsfähige Daten
vorfindet. Bei den Schaltfunktionen kann eine Geräteanpassung
in verschiedener Hinsicht erforderlich werden:

a) Wenn keine entsprechenden Klammeroperationen verfügbar
   sind, müssen alle negierten Ausdrücke gemäß dem De Morganschen Theorem aufgelöst werden.

b) Je nach den Fähigkeiten der Steuerung, sind mehrstufig
   strukturierte Terme in geeigneter Weise zu zerlegen.
   Die dabei automatisch zu vereinbarenden Hilfsvariablen
   übernehmen - wie Bild 4-15 links zeigt - fortan die
   Bindungen zwischen den einzelnen Teilen.

c) Bei einigen SPS-Prozessoren lassen sich Fundamentalaus-
   drücke, die eine gewisse Länge überschreiten, nicht als
   Ganzes verarbeiten. Man muß sie daher aufspalten und
   mittels zusätzlicher Hilfsfunktionen programmieren
   (Bild 4-15 rechts).

d) Wenn in einer Steuerung keine Ausgabeoperationen zum
   Setzen bzw. Rücksetzen (vgl. Abschnitt 3.1.2.3) vorgesehen sind, dann muß für die einzelnen Markierungsspei-
   cher anstelle der beiden Eingangsfunktionen die charak-
   teristische Schaltfunktion eines RS-Kippglieds formuliert werden.

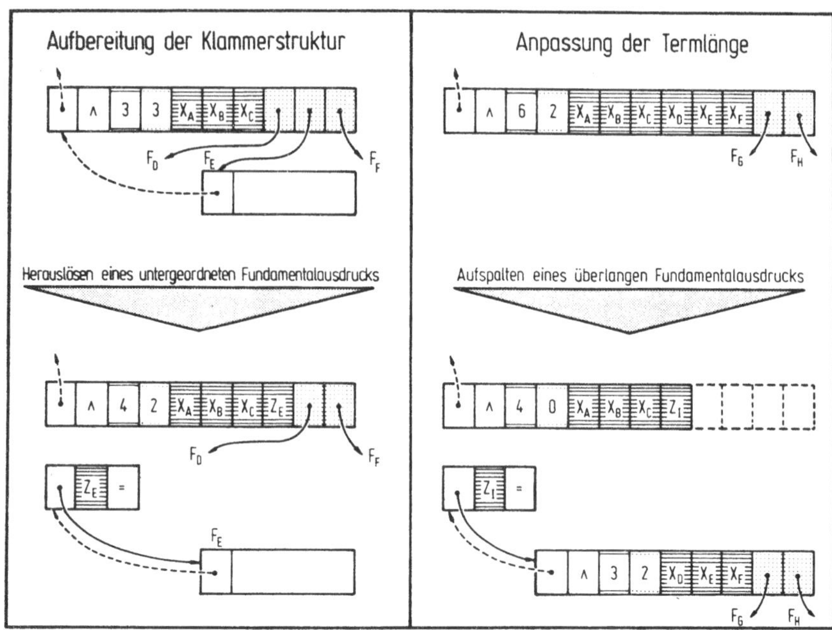

Bild 4-15: SPS-Anpassung bei Booleschen Schaltfunktionen

e) Bei Geräten, die die Eingangssignale nicht im Signalspeicher puffern, ergeben sich u. U. kurzzeitig falsche Signalwerte, welche wiederum einen andauernden,
unbeabsichtigten Schaltzustand bewirken können. Will
man dies verhindern, dann muß man alle Eingangssignale,
die innerhalb einer Funktion mehrmals vorkommen, zuvor
in einem Merker zwischenspeichern.

Eine Schnittstellenaufbereitung ist auch dann angezeigt, wenn
das erzeugte SPS-Programm später auf einem Bildschirm in
graphischer Form wiedergegeben werden soll. Die einzu-
schlagende Zerlegungsstrategie ist in diesem Fall vor allem
von der gewünschten Symbolik (Stromlaufplan, Funktionsplan
etc.) abhängig. Die Beschreibung der Zustandsgraphen bedarf
keiner besonderen Anpassung.

4.4.5 Erzeugung des Steuerungsprogramms

Die Schnittstellendaten werden im nun folgenden Schritt in eine Folge von einzelnen Steuerungsanweisungen umgewandelt und in einer sequentiell strukturierten Datei abgelegt. In ihrer Gesamtheit stellen sie das gewünschte SPS-Programm dar. Voraussetzung hierfür ist die Entwicklung von Übersetzungsalgorithmen. Diese müssen einerseits auf die angrenzenden Sprachebenen, andererseits auf die funktionellen Erfordernisse des zu erzeugenden Programms abgestimmt sein.

Zu jeder Steuerung sind mindestens zwei Algorithmen zu schaffen: Einer zur Umsetzung der Schaltfunktionen und einer für die Zustandsgraphen. Will man jedoch dem Konstrukteur eine Auswahl zwischen alternativen Verarbeitungsstrategien ermöglichen (z. B. Einbeziehen von Sprungoperationen zur Verkürzung der Zykluszeit), dann vergrößert sich der Aufwand entsprechend. Jeder Algorithmus bearbeitet bei einem Aufruf nur einen eng abgegrenzten Funktionskomplex - beispielsweise die Ansteuerung für genau ein Stellglied - und generiert die zugehörige, in sich abgeschlossene Anweisungsfolge, ein sogenanntes SPS-Programmsegment. Die Quelldaten werden in einem Pufferbereich bereitgestellt; den Zugriff lenkt man über die Parametrierung.

Die Übersetzungsmoduln sind weitgehend geräteneutral realisierbar, da ihre Zielsprache allgemein strukturiert ist und darüberhinaus für gleichartige Operationen verschiedener Steuerungen ein einheitliches Aussehen besitzt. Dieses Merkmal begünstigt eine spätere Eingliederung der Moduln auch in die Programmkette einer anderen Anpaßsoftware.

4.4.5.1 Übersetzung Boolescher Schaltfunktionen

Bei der Umwandlung der Steuerungsbeschreibung einer Funktionseinheit sind die einzelnen Funktionenklassen unabhängig von der Eingabe in einer fest vorgegebenen Reihenfolge (Mar-

kierungsspeicher, Zeitglieder, Hilfsfunktionen, Schaltwerk-
modell, Ausgangsfunktionen und Bausteine) heranzuziehen. Dies
hat zwei Gründe:

- Zum einen gewährleistet man so ein ordnungsgemäßes
  Hochfahren der Steuerung nach dem Einschalten, wenn die
  Werte der abhängigen Signale noch nicht definiert sind,
- zum anderen können sich dadurch Änderungen bei den Ein-
  gangssignalen rascher an den Stellgliedern auswirken.

Für die Funktionen untereinander gibt es keine allgemeingültigen Kriterien zur automatischen Rangbildung. Diese
sollte deshalb ganz dem Anwender vorbehalten bleiben.

Die Programmierung einer Schaltfunktion ist auf unterschiedliche Arten möglich:

a) Das Resultat wird ausschließlich mit den Eingabe-, Ver-
   knüpfungs- und Klammeroperationen gebildet. Man erhält
   ein gut verständliches lineares Segment, d. h. eine Anweisungsfolge, die zur Laufzeit stets von der ersten
   bis zur letzten Anweisung abzuarbeiten ist.

b) Zeitgünstiger allerdings ist eine Untergliederung in
   mehrere Teilsegmente, von denen einige je nach den Ver-
   knüpfungsergebnissen übersprungen werden können.

Einen Algorithmus zur Erzeugung linearer Segmente zeigt das
Bild 4-16, den nötigen Unterablauf zur Übersetzung von Funda-
mentalausdrücken das Bild 4-17. Bemerkenswert ist dessen rekursive Definition: Zur Umsetzung eines untergeordneten Terms
ruft sich der Algorithmus wiederum selbst auf. Bei der pro-
grammtechnischen Realisierung kann man dies nicht in jedem
Fall über eine äquivalente Unterprogrammstruktur erreichen,
da eine solche Konstruktion bei vielen Programmiersprachen
nicht zugelassen ist. Man muß dann das Ganze auf einen abgeschlossenen Modul einengen und darin dann eine eigenständige
Parameterorganisation schaffen, die für die rekursive Akti-
vierung der den Algorithmus nachbildenden Anweisungen sorgt.

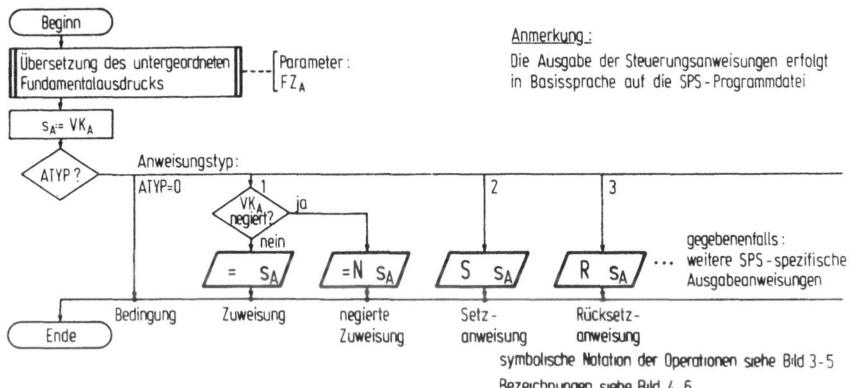

Bild 4-16: Algorithmus zur Übersetzung einer Schaltfunktion

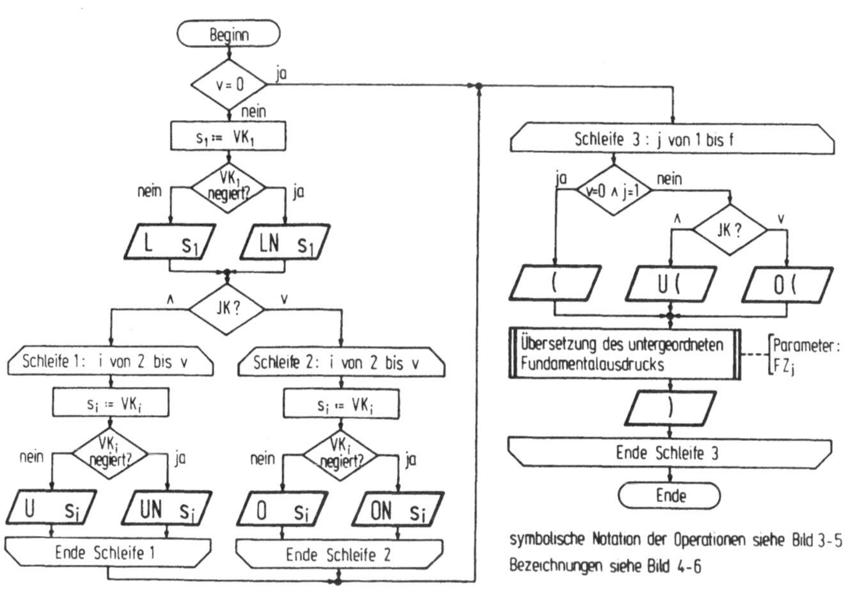

Bild 4-17: Algorithmus zur Übersetzung eines Fundamental-
ausdrucks

4.4.5.2 Übersetzung der Schaltwerkbeschreibung

Für die drei Aufgabenbereiche

- Zustandsinitialisierung,
- Zustandsnormierung und
- Zustandssteuerung

sind jeweils eigene SPS-Programmabschnitte zu generieren.

Die Zustandsinitialisierung stellt im Schaltwerk je nach Ergebnis der Initialisierungsbedingungen den erwünschten Anfangszustand ein. Sie darf nur beim Einschalten der Anlage wirksam sein. Für die Übersetzung stehen grundsätzlich zwei Wege offen:

a) Man gestaltet das Programmsegment so, daß es nur beim ersten Zyklus durchlaufen, bei allen weiteren dagegen übersprungen wird. Es erhöht auf diese Weise nur den Programmspeicherbedarf, geht jedoch nicht in die Zykluszeit mit ein.

b) Bei einem Operationsvorrat ohne Sprünge ist diese effektive Lösung nicht möglich. Man muß auf eine andere Weise dafür sorgen, daß die betreffenden Operationen später - obwohl ständig aktiviert - ohne Auswirkung bleiben. Eine Konjunktion der Setzbedingungen mit einer Inhibitionsvariablen (QINIT) leistet dies. Die Initialisierungsanweisungen müssen vor denen der Zustandssteuerung angeordnet werden. Am übersichtlichsten ist es, sie für alle Funktionseinheiten am Anfang des Programms zusammenzustellen. Bild 4-18 links zeigt einen entsprechenden Generieralgorithmus.

Für den Fall, daß den Zustandsvariablen remanente Merker (Haftspeicherglieder) zugeordnet werden, kann man auf ein Initialisierungsprogramm auch ganz verzichten. Es ist dann aber eine einmalige, manuelle Koordination von Anlage und Steuerung bei der Inbetriebnahme erforderlich.

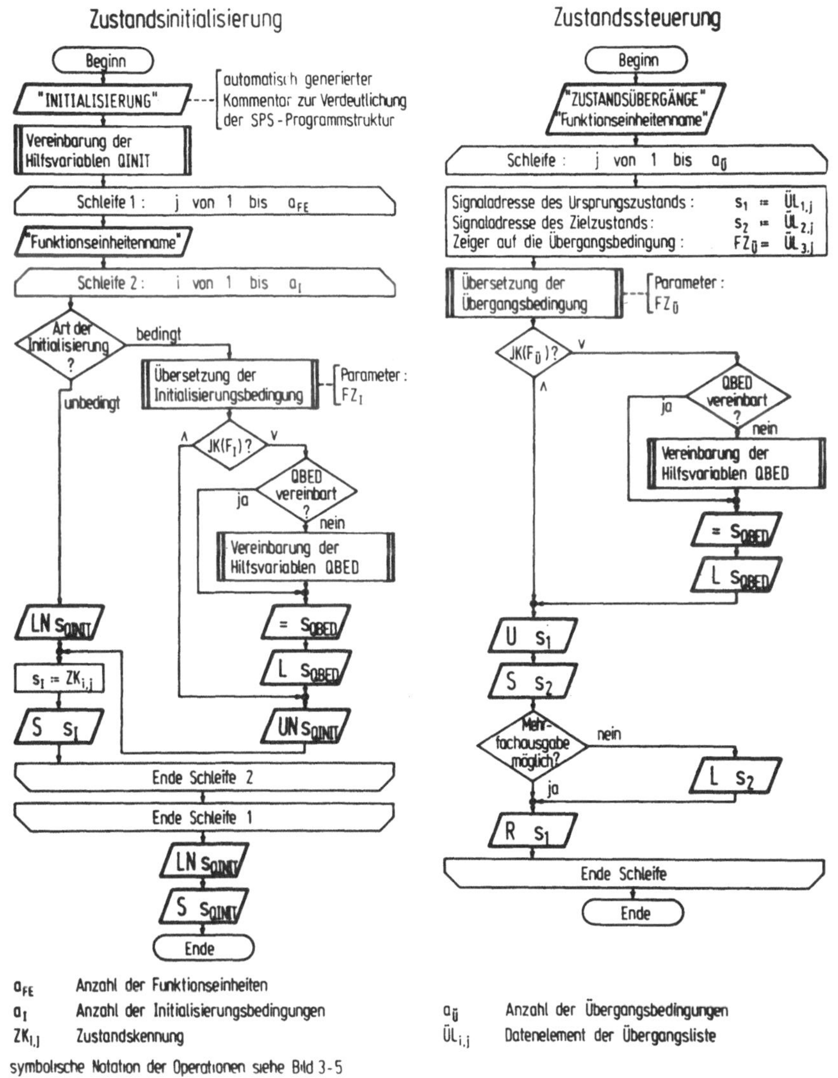

aFE   Anzahl der Funktionseinheiten
aI   Anzahl der Initialisierungsbedingungen
ZKi,j   Zustandskennung

aÜ   Anzahl der Übergangsbedingungen
ÜLi,j   Datenelement der Übergangsliste

symbolische Notation der Operationen siehe Bild 3-5

Bezeichnungen siehe Bild 4-6

Bild 4-18: Algorithmen zur Übersetzung von Schaltwerkmodellen in SPS-Programmsegmente mit linearer Struktur

Die Zustandsnormierung überführt ein Schaltwerk ebenfalls in eine Grundstellung. Sie kann jedoch zu beliebigen Zeitpunkten angestoßen werden. Die Umsetzung in ein SPS-Programm geschieht in ganz ähnlicher Weise. Eine praktische Bedeutung hat die Zustandsnormierung nur bei Modellen für übergeordnete Steuerungsabläufe; man spricht daher auch vom Schrittsetzen.

Die Zustandssteuerung sorgt für ein ordnungsgemäßes Überwechseln vom gerade bestehenden Schaltwerkzustand zum nächsten. Sie stellt mehrere Anforderungen an den Übersetzungsalgorithmus:

- Alle Schaltvorgänge einer Steuerung müssen zuverlässig ausgeführt werden, d. h. ein Fehlverhalten infolge von Hazard- und Wettlaufproblemen ist durch programmtechnische Maßnahmen zu verhindern.
- Die generierte SPS-Software sollte systematisch und übersichtlich strukturiert, ihre Auswirkungen auch während des Betriebs leicht nachzuvollziehen sein.
- Es ist auf einen geringen SPS-Programmspeicher- und Zeitbedarf zu achten.

Für die Realisierung der Zustandssteuerung kommen zwei direkte Umsetzungsverfahren in Betracht (vgl. Abschnitt 3.2.4):

a) Beim einen werden die einzelnen Zustandsübergänge nacheinander herangezogen und in ein abgeschlossenes Teilsegment übersetzt (Bild 4-18 rechts). Es entsteht eine lineare, unverzweigte Struktur.

b) Der zweite Ansatz setzt wiederum die Verfügbarkeit von Sprungoperationen voraus. Er sieht die jeweilige Zusammenfassung aller von einem Zustand wegführender Übergänge in kleinen Programmabschnitten vor. Diesen wird dann noch ein Anwahlsegment überlagert, um eine zustandsgerechte Verzweigung dorthin zu erzielen /8/.

Bei beiden Verfahren ordnet man jedem Zustand genau eine Zustandsvariable zu. Diese Codierung ist zwar trivial und er-

fordert relativ viele Merkerzellen, sie erfüllt dafür aber
alle oben aufgeführten Anforderungen.

4.4.5.3 Binden der SPS-Programmsegmente

Die einzelnen Segmente müssen nun noch in geeigneter Weise
zusammengefügt werden. Zu diesem Zweck ist ein Bindeprogramm
bereitzustellen. Zwei Lösungsprinzipien stehen zur Auswahl:

a) Autonomer Binder
   Man generiert vorab in willkürlicher Reihenfolge alle
   Segmente in verschiebbarer Form und läßt diese hernach vom Binder in einem eigenständigen Vorgang suchen, ordnen und zusammenstellen.

b) Integrierter Binder
   Dieser hat die Wirkung eines Steuerprogramms, indem er
   zunächst die Abfolge der Funktionskomplexe festlegt
   und daran anschließend dann die einzelnen Generieralgorithmen anstößt. Diese erzeugen nun einen absoluten
   Programmabschnitt und hängen ihn unmittelbar hinter
   der bislang letzten Steuerungsanweisung an.

Die Lösung b ist wesentlich einfacher und übersichtlicher zu
verwirklichen. Es wird ihr daher der Vorzug gegeben.

4.4.6 Umwandlung des Steuerungsprogramms in die Geräte- und Maschinensprache

Für die Überführung des SPS-Programms aus der DVA-gerechten
Basissprache in die extern benötigte Form müssen für jede
Steuerung spezielle Anpaßmoduln entwickelt werden. Die zugehörigen Algorithmen gestalten sich jedoch wegen der 1:1-Ab-
bildung der einzelnen Anweisungen einfach.

Die Transformation in die Gerätesprache übernimmt der soge-
nannte Formatierer, der nur noch die entsprechenden Zeichenketten zusammenstellen und dem Ausgabegerät (Drucker, Bild-

schirm etc.) zuleiten muß. Bei den Marken und absoluten Operanden lassen sich die Zeichen algorithmisch gewinnen, beim Operationsteil aus der zugehörigen Mnemoniktabelle entnehmen.

Für die Übersetzung in die Maschinensprache - die Assemblierung - gilt Entsprechendes, nur daß hier auf die Operationscodetabelle zugegriffen wird. Die Ausgabe ist einmal für die Dokumentation direkt vorzunehmen, zum anderen für die Übertragung auf die Implementierungshardware (z. B. ein PROM-Programmiergerät) in aufbereiteter Form - d.h. ergänzt um weitere Informationen zur Blockung, Numerierung, Codesicherung usw.. Zu diesem Zweck ist eigens ein Softwaretreibermodul zu erstellen. Um diesen bei möglichst vielen SPS-Postprozessoren heranziehen zu können, empfiehlt es sich, aus der Vielfalt der derzeit verwendeten Formatspezifikationen /47/ eine gängige auszuwählen (z. B.: INTEL INTELLEC 8/MDS).

4.5 Verfahren zur Auslegung der Steuerungshardware

Zu den Projektierungsaufgaben gehört neben dem Entwurf des Steuerungsprogramms auch noch die Ausarbeitung des gerätemäßigen Aufbaus der Steuerung. Sie erst stellt den Bezug zwischen den formal beschriebenen Funktionen und den zur technischen Verwirklichung nötigen Hardwareeinheiten her und ist somit eine wichtige Voraussetzung für den praktischen Einsatz einer speicherprogrammierten Steuerung.

4.5.1 Alternativen bei der Verarbeitung der Auslegungsdaten

Um ein Steuerungsgerät aufbauen, einstellen und anschließen zu können, müssen aus den anfangs vorliegenden Unterlagen die nötigen Informationen zusammengetragen und entsprechend aufbereitet werden. Der gesamte Aufgabenkomplex umfaßt im wesentlichen die folgenden vier Tätigkeitsfelder:

  - Die Einrichtung einer Tabelle mit allen wichtigen Signaldaten,

- die Ermittlung des Bedarfs an peripheren Baugliedern, die der Übertragung oder Verarbeitung von Signalen dienen, wie z. B. EA-Kanäle, Zeitglieder und Zähler,
- die Auswahl der am besten geeigneten Peripheriebaugruppen und deren Zusammenstellung zur kompletten Geräteausstattung (die SPS-Konfiguration) und
- die Zuweisung der Signale auf die einzelnen signalführenden Bauglieder, die auf eben diesen Baugruppen angesiedelt sind (die Signalbelegung).

Betrachtet man den sich ergebenden Datenfluß (Bild 4-19), dann wird die Verflechtung der Teilaufgaben untereinander und mit den angrenzenden Projektierungsbereichen erkennbar.

Die automatisierte Auslegung der SPS-Hardware kann unterschiedliches Niveau erreichen:

Stufe A: Ein Verzicht auf jegliche Rechnerunterstützung verlangt vom Konstrukteur die Bewältigung umfangreicher Datenmengen. Hinzu kommt, daß er einmal getroffene Festlegungen

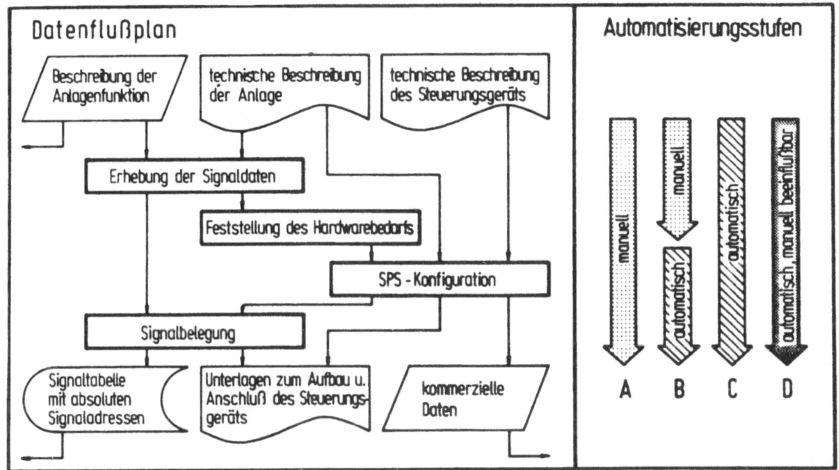

Bild 4-19: Auslegung der Steuerungshardware

wegen ihrer weitreichenden Auswirkungen zu einem späteren Zeitpunkt kaum noch revidieren kann.

<u>Stufe B</u>: Eine teilweise automatische Bearbeitung erfordert eine geschickte Wahl von Schnittstellen. Alle fehlenden Programmoduln müssen durch entsprechende EA-Routinen ersetzt werden. Ein zusätzlicher Aufwand zur Überprüfung der Daten ist unumgänglich. Die Methode ist nur dann vorteilhaft, wenn es gelingt, auch die bereits im Rechner vorhandenen Datenbestände mit einzubeziehen.

<u>Stufe C</u>: Die gänzlich automatische Abwicklung benötigt am wenigsten Eingabeinformationen. Allerdings hat der Konstrukteur bei ihr keinerlei Einfluß mehr auf das Ergebnis. Für den praktischen Gebrauch ist das Konzept daher untauglich.

<u>Stufe D</u>: Ganz anders sieht es aus, wenn zusätzliche Eingriffsmechanismen geschaffen werden, um gewisse Fakten vorgeben zu können. Man erreicht so die größtmögliche Entlastung von den Routinearbeiten und hat dennoch den nötigen Entscheidungsfreiraum gewahrt. Dieses Lösungskonzept ist deshalb zu bevorzugen.

Besondere Beachtung ist dem Problem der Nachführbarkeit zu schenken. Eine geringfügige Veränderung der Quelldaten, die ja für die iterative Vorgehensweise bei der Projektierung typisch ist, darf nicht auf allzu sehr abweichende Ergebnisse führen. Mit rein algorithmischen Verfahren kann man dieser Forderung grundsätzlich nicht nachkommen. Die gewünschte Kontinuität ist vielmehr mit Hilfe einer längerfristig angelegten Datenbasis zu erzielen, die dann von einem Entwicklungsstadium zum nächsten mitwächst.

4.5.2 <u>Ermittlung des Bedarfs an signalführenden Baugliedern</u>

Damit ein Signal überhaupt die ihm zugedachte Funktion erfüllen kann, muß es in Form einer elektrischen Größe über bestimmte, nur ihm zugeordnete Bauglieder geleitet werden. Es ist leicht einzusehen, daß eine diese Einrichtungen betreffende Bedarfsanalyse durch eine quantitative Auswertung der Signaltabelle erfolgen kann. An Informationen braucht man nur die jeweilige Anzahl von Signalen, die hinsichtlich Signalart und Signaltyp übereinstimmen.

Mit der Signalart ist die strukturelle Differenzierung nach Eingängen, Ausgängen, Merkern, Zeitgliedern etc. gemeint. Die entsprechenden Daten sind im Regelfall unmittelbar verfügbar; sie sind nämlich in der Beschreibung der Anlagenfunktion schon enthalten und werden vom Kompilierer - mit der Übersetzung der Steuerungsbeschreibung einhergehend - gesammelt und abgelegt. Nur wenn die Hardwareauslegung zeitlich vorgezogen werden soll, sind diese Signaldaten vom Konstrukteur selbst zu ermitteln und mittels Eingabeanweisungen in die Tabelle einzutragen.

Der Signaltyp dient zur Kennzeichnung der technologischen Erfordernisse, d. h. mit ihm werden die zulässigen Werte für Spannung, Strom und die übrigen Merkmale spezifiziert. Bei seiner Festlegung ist darauf zu achten, daß die zahlreichen Einflußfaktoren nicht zu einer unüberschaubaren Vielfalt führen. Dem Problem kann man wirkungsvoll begegnen,wenn man eine Klassifizierung vornimmt, die sich an den jeweiligen Ausführungsformen der SPS-Baueinheiten ausrichtet. Zwei Wege bieten sich in diesem Zusammenhang an:

- Man gibt entweder mit großem Aufwand alle technischen Daten eines Signals in den Rechner ein, um von diesem dann die Zuweisung in eine bestimmte Klasse entscheiden zu lassen,
- oder aber man ordnet von Hand zu und teilt ihm nur die gefundene Typzugehörigkeit mit. Durch das Vorsehen von Standardtypen, die bei fehlenden Angaben implizit gelten, kann der Umfang der Eingabedaten noch reduziert werden.

Der erste Weg bietet den Vorteil einer realisierungsunabhängigen Anforderungsbeschreibung. Er benötigt jedoch umfangreiche, gerätespezifische Programmoduln. Der zweite ist einfacher zu realisieren und für den Anwender relativ leicht und
rasch gangbar. Ihm soll deshalb der Vorzug gegeben werden.

4.5.3 Konfiguration des Steuerungsgeräts

4.5.3.1 Abgrenzung der Aufgabenstellung

Mit dem Begriff Konfiguration charakterisiert man alle Vorgänge, die bei der Festlegung des für eine bestimmte Steuerungsaufgabe erforderlichen gerätemäßigen Ausbaus einer
speicherprogrammierten Steuerung anfallen. Die Betrachtungen
erstrecken sich dabei auf die folgenden Objekte:

- die Baugruppen zum Aufbau der Zentraleinheit
  einschließlich des Programmspeichers,
- sämtliche Peripheriebaugruppen,
- die baulichen Einheiten für die interne und externe
  Energieversorgung,
- das Gehäuse bzw. das Chassis mit den nötigen Befestigungsmaterialien und soweit erforderlich auf
- die Verbindungseinrichtungen.

Die Ergebnisse der Konfiguration fließen hauptsächlich in die
Arbeitsvorbereitung und Montage ein, daneben aber auch in das
Kalkulations-, Lagerhaltungs- und Einkaufswesen.

Beim Einbringen in ein CAD-System verursacht vor allem die
Auslegung der SPS-Peripherie einen großen Aufwand. Wenn es
jedoch gelingt, die Programme weitgehend geräteneutral zu
konzipieren, so ist davon nur der erste zu erstellende Postprozessor betroffen. Aus ihm kann man dann alle nachfolgenden
Postprozessoren durch geringfügiges Abwandeln herleiten. Ein
Ansatz, der auf der in Abschnitt 3.1.3.1 dargestellten Gliederung in Primär- und Sekundärbaugruppen basiert, kommt der
genannten Zielvorstellung sehr nahe.

4.5.3.2 Konzeption einer Datenstruktur

Ausgangspunkt der Programmentwicklung ist die Definition einer zweckmäßigen Datenstruktur. Bild 4-20 zeigt einen Lösungsvorschlag. Man erkennt deutlich den Bezug auf die baulichen Einheiten. Die Datenstruktur ist hierarchisch gegliedert. Sie bildet das Bindeglied zwischen den beiden Vorgaben: den SPS-Systemparametern einerseits und den Signalkenndaten andererseits. Die einzelnen Datenbereiche sind untereinander algorithmisch verkettet, d. h. es lassen sich mit Hilfe der Systemparameter zu jedem Datenelement die Adressen errechnen, die auf die linken und rechten Nachbarn führen. Das Verfahren benötigt sehr wenig Speicherplatz. Es ist nur deshalb einsetzbar, weil hier grundsätzlich systematische Zahlenverhältnisse anzutreffen sind.

Aufgefüllt wird die so freigehaltene Speicherkapazität mit den Bestückungs- und Signalbelegungsdaten. Die erstgenannten setzen sich zusammen aus:

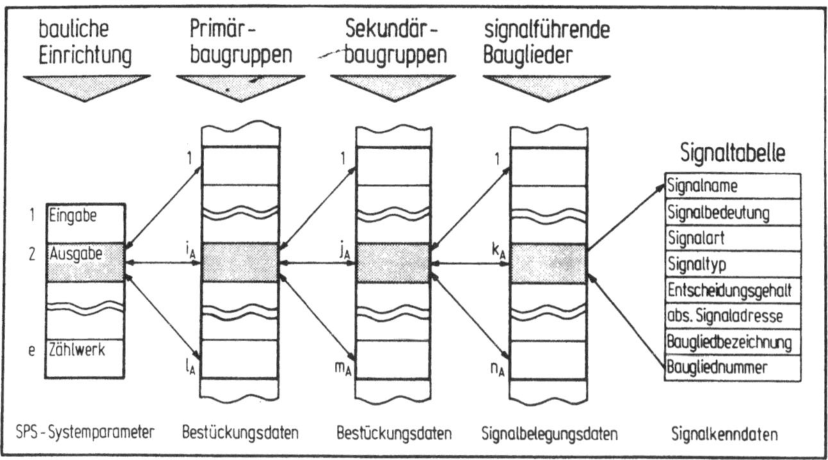

Bild 4-20: Datenstruktur zur Beschreibung der SPS-Ausstattung bezüglich der modular gegliederten Baueinheiten

- dem Verfügbarkeitsstatus,
- dem Baugruppentyp,
- dem Einbauort und
- den Einstellparametern.

Auf die Signalbelegungsdaten wird im Abschnitt 4.5.4 noch näher eingegangen. Eine gewisse Ausnahmestellung der Merker sei hier erwähnt: Sie wirken nicht bis in die Peripherie. Dennoch sind auch für sie Belegungsdaten zu ermitteln. Sie lassen sich nur dann wie die übrigen Signale behandeln, wenn der eigentlich ungegliederte Signalspeicher formal ebenso strukturiert wird wie die peripheren Einheiten (Bild 3-7) und man ihn dann als eine Doppelbaugruppe ($l_M = 1$, $m_M = 1$) ansieht. Darüberhinaus kann der Fall, daß einige Merker außergewöhnliche Eigenschaften aufweisen - wie z. B. remanent, alarmbildend, wertanzeigend etc. - im Sekundärbereich berücksichtigt werden.

Die Behandlung von Steuerungsgeräten mit einstufig modularem Aufbau erfordert keine, prinzipielle Umstellung der dargestellten Datenstruktur. Es genügt vielmehr, pro Primärbaugruppe nur eine Sekundärbaugruppe zuzulassen ($m_B = 1$) und die beiden organisatorisch immer gemeinschaftlich anzufordern. Eine individuelle Anpassung bleibt auf die Ausgabeprogramme zur Dokumentation der SPS-Ausstattung beschränkt. Auf eine ähnliche Weise können auch alle nicht modularen Kompaktgeräte ($l_B = 1$, $m_B = 1$) erfaßt werden.

4.5.3.3 Vorgehensweise bei der Zusammenstellung peripherer Baueinheiten

In einem ersten Schritt gilt es, für die gestellte Steuerungsaufgabe passende Peripheriebaugruppen herauszufinden. Die einzelnen SPS-Hersteller bieten zu diesem Zweck für jedes ihrer Geräte ein mehr oder weniger breites Typenspektrum an. Die Spanne reicht von 3 bis 30 verschiedenartigen Ausführungsformen; im Durchschnitt sind es 4,3. Die Auswahl bereitet bei einer echt modularen Struktur keine Schwierigkeiten, wenn man sie von der Anlagenseite her angeht und mit den Sekundärbaugruppen beginnt. Die Entscheidung darüber, was für Bautypen zum Einsatz gelangen sollen, ist mittelbar bereits bei der Bedarfsanalyse gefallen. Denn die dort bei den Signalen vorgenommene Klasseneinteilung orientiert sich ausschließlich an der technischen Ausführung der auf diesen Einheiten angeordneten signalführenden Glieder. Um die Mindestanzahl der einzuplanenden. Sekundärbaugruppen M_B zu errechnen, nimmt man den auf die nächst größere ganze Zahl aufgerundeten Wert des um den betreffenden Stufungskoeffizienten n_B geteilten Baugliedbedarfs N_B. Dabei ist eine eventuelle Abhängigkeit der Stufung vom Bautyp t zu beachten. Und noch ein weiterer Punkt ist zu berücksichtigen: Der künftige Anlagenbetreiber fordert in vielen Fällen einen Hardwarereserveanteil r von bis zu 25 %, um sich die Möglichkeit späterer Erweiterungen offenzuhalten. Man bekommt somit folgende Dimensionierungsvorschrift:

$$M_B(t) \quad = \quad \left\lceil \frac{N_B(t)}{n_B(t) \cdot (1-r)} \right\rceil \qquad \text{1)} \qquad (4.1)$$

Ähnliche Überlegungen führen zur Formel für die Anzahl der Primärbaugruppen:

$$L_B \quad = \quad \left\lceil \sum_{\text{alle } t} \frac{M_B(t)}{m_B(t)} \right\rceil \qquad (4.2)$$

Abschließend ist noch zu überprüfen, ob diese Ergebnisse nicht den Maximalausbau der Steuerung übersteigen.

Der zweite Schritt widmet sich der strukturellen und räumlichen Anordnung der ausgewählten Komponenten, die nach Berücksichtigung einer möglicherweise expliziten Vorgabe verbleiben. Angestrebt wird eine übersichtlich gegliederte Peripherie. Sehr einfach und zweckmäßig ist eine Strategie,

---

1) Aufrundungsfunktion: $\lceil x \rceil$ kleinste ganze Zahl $\geq x$

bei der Baugruppen gleichen Typs zusammengefaßt und der Reihe nach verplant werden. Beim Entwurf des Algorithmus darf man jedoch etwaige gerätespezifische Beschränkungen nicht außer acht lassen. Das Ganze wird durch die Ermittlung der auf einer Einheit einzustellenden Parameter abgerundet, wie z. B. Baugruppenadressen, Zeit- und Zählwerte.

Im letzten Schritt schließlich ist eine umfassende Dokumentation der Hardwareauslegung zu erstellen. Ihre äußere Form muß den Forderungen bezüglich der weiteren Verwendung nachkommen.

4.5.4 Signalbelegung

Die Signalbelegung schafft eine Zuordnung zwischen den Signalen und den sie jeweils verkörpernden Baugliedern sowie den dazugehörigen Speicherzellen im Signalspeicher. Erstere werden mit dem Signalnamen angesprochen, die letzteren über die Baugliedbezeichnung bzw. die absolute Signaladresse. Die bei dem Vorgang gewonnenen Informationen vervollständigen die Eintragungen in der hergeleiteten Datenstruktur. Sie ermöglichen einerseits den Anschluß der Signalleitungen und damit die Kopplung von Steuerung und Anlage, andererseits den letzten Schritt bei der Übersetzung des SPS-Programms in die Maschinensprache.

An eine rechentechnische Problemlösung können verschieden hohe Ansprüche gestellt werden. Man kann sich z. B. schon mit einer Weitergabe von Adreßvereinbarungen an den Assemblierer begnügen, man kann aber auch ein automatisch erstelltes Konzept für die Zuordnung und eine detaillierte, anwendungsunterstützende Dokumentation fordern. Die Entwicklung eines komfortablen Algorithmus verursacht wegen des formalen Charakters der Aufgabe keine großen Aufwendungen und verspricht darüberhinaus eine bedeutende Erleichterung von mühseliger Kleinarbeit. Sie ist daher sehr zu befürworten.

Die grundsätzliche Vorgehensweise muß nun noch geklärt werden. Ein Ansatz, der von den Signalen ausgeht und zu diesen passende Bauglieder sucht, erweist sich gegenüber dem umgekehrten als etwas günstiger. Dies hat seine Ursache in den unterschiedlichen Eigenschaften beider Abbildungen. Als nächstes ist darüber zu befinden, in welcher Reihenfolge die Signale herangezogen werden sollen. Gesucht ist ein Auswahlschema, welches dem analytisch nicht faßbaren Entscheidungsprozeß eines Konstrukteurs möglichst nahe kommt. Eine willkürliche oder lexikographische Behandlung scheidet von vornherein aus, würde sie doch dazu führen, daß auf den Baugruppen funktionell total verschiedene Signale nebeneinander zu liegen kämen. Für den praktischen Gebrauch ist das unannehmbar. Eine gute Annäherung erzielt man mit einem Verfahren, das die Signale in derselben Reihenfolge heranzieht, in der sie schon in der Steuerungsbeschreibung vereinbart worden sind. Das Wissen hierüber muß allerdings zusätzlich gespeichert werden. Eine entsprechende Adreßverkettung innerhalb der Signaltabelle leistet dies. Sie fügt sich auch gut in das bestehende Konzept ein.

Noch eine Bemerkung zu den mehrwertigen Signalen, die für digitale Operationen von Bedeutung sind. Sie vereinigen mehrere binäre Einzelsignale in einem Wort mit 8, 16 oder 32 Bit. Bei der Zuordnung genügt es, das erste Bauglied zu benennen - die nachfolgenden sind dann stillschweigend mit inbegriffen. Die Worte müssen in der Regel mit den Baugruppengrenzen harmonieren. Für ein unkompliziertes Zusammenwirken der bit- und wortverarbeitenden Funktionen ist es oft zweckmäßig, von der sonst üblichen, streng injektiven Abbildung abzulassen - bei der jedem Element der Bildmenge höchstens eines der Definitionsmenge zugeordnet ist - und eine die Binärsignale überdeckende Belegung vorzunehmen. Der Anwender hat einen diesbezüglichen Wunsch natürlich ausdrücklich zu äußern.

5 Realisierung des Programmsystems

Ausgehend von den im vorigen Kapitel definierten Datenstrukturen und Algorithmen ist das Programmsystem RENEST geschaffen worden. Es ermöglicht ein rechnerunterstütztes Projektieren von speicherprogrammierten Steuerungen /27,48/. Die wichtigsten Aspekte hinsichtlich Aufbau und Wirkungsweise des Systems sowie einer möglichen Erweiterung um zusätzliche steuerungsspezifische Komponenten (SPS-Postprozessoren) werden in den folgenden Abschnitten diskutiert.

5.1 Rechentechnische Voraussetzungen

Ein wesentliches Entwicklungsziel besteht darin, das Softwarepaket für möglichst viele interessierte Anwender nutzbar zu machen. Es muß daher auf unterschiedlichen DV-Anlagen installiert werden können. Die individuellen anlagentechnischen Parameter (Architektur, Leistungsprofil etc.) dürfen den grundsätzlichen Aufbau keinesfalls in Frage stellen. Wichtige Voraussetzungen für die geforderte Portabilität sind:

- die Verwendung einer breit unterstützten, höheren Programmiersprache (z. B. FORTRAN) und die Beschränkung auf eine allseits akzeptierte Befehlsuntermenge;
- ein weitgehender Verzicht auf rechnerspezifische Routinen sowie auf Bibliotheksprogramme, die aus rechtlichen Gründen nicht übertragbar sind;
- die Einplanung einer feinstufigen Segmentierung.

Der CAD-Rechner muß eine gewisse Mindestausstattung aufweisen, damit die Arbeiten zügig durchzuführen sind und nicht etwa durch unvertretbar hohe Antwortzeiten beeinträchtigt werden. Die Kapazität des Hauptspeichers sollte nicht unter 64 k Worte liegen, die des Hintergrundspeichers nicht unter 4 M byte. Letzterer hat darüberhinaus einen schnellen Zugriff (< 50 ms) zu gewährleisten. Die Kommunikation Mensch-Rechner erfolgt in der niedrigsten Ausbaustufe im Stapel-

betrieb. Man kommt dabei mit einem einfachen Lochkartenleser
und einem Drucker aus. Das Betriebssystem muß die Möglichkeit
bieten, Dateien mit Direktzugriff anzulegen. Zur Systemimple-
mentierung bedarf es eines FORTRAN IV -Kompilierers und gegebenenfalls eines Programms für ein segmentweises Laden.

5.2 Aufbau des Programmsystems

Der Aufbau des Programmsystems, d. h., die Zuordnung der einzelnen Algorithmen und Datenstrukturen auf entsprechende Programm - bzw. Informationsspeicherungseinheiten ist auf der
Grundlage des zuvor erarbeiteten Datenflußkonzepts (Bild 5-1)
festgelegt worden. Die modulare Systemstruktur trennt klar
zwischen einer Verwaltung, einer Methodenbank und einer
Datenbank (Bild 5-2). Sie steht damit Veränderungen gegenüber
offen. Die Methodenbank vereinigt die problemorientierten,
autonom lauffähigen Programmbausteine, die sogenannten Moduln. Die Dateien übernehmen die Bindegliedfunktion zwischen
den einzelnen Programmbausteinen. Darüberhinaus dienen sie
der Datenarchivierung.

5.2.1 Methodenbank und Systemverwaltung

Ein großer Vorteil der modularen Struktur ist, daß die
einzelnen Programmbausteine bei gestiegenen Erwartungen oder
bei gewandelten Einsatzbedingungen entsprechend ausgebaut
bzw. nachgeführt werden können. Zu jedem Aufgabenkomplex gehört im allgemeinen ein Modul. In einigen Fällen ist es jedoch zweckmäßig, mehrere Versionen nebeneinander zu halten,
die sich dann gegenseitig ausschließen oder aber ergänzen.
Als Beispiel hierfür sei die Anpassung einer Schaltfunktion
an die SPS-Gerätesprache angeführt, die sich einmal auf die
Klammerstruktur erstreckt, ein anderes Mal auf die Termlänge
und beim dritten Mal auf beides.

Eng verbunden mit der Methodenbank ist die zur Systemverwal-
tung gehörige Programmablaufsteuerung. Sie legt je nach Wert
der Steuervariablen die Reihenfolge der im konkreten Fall zu

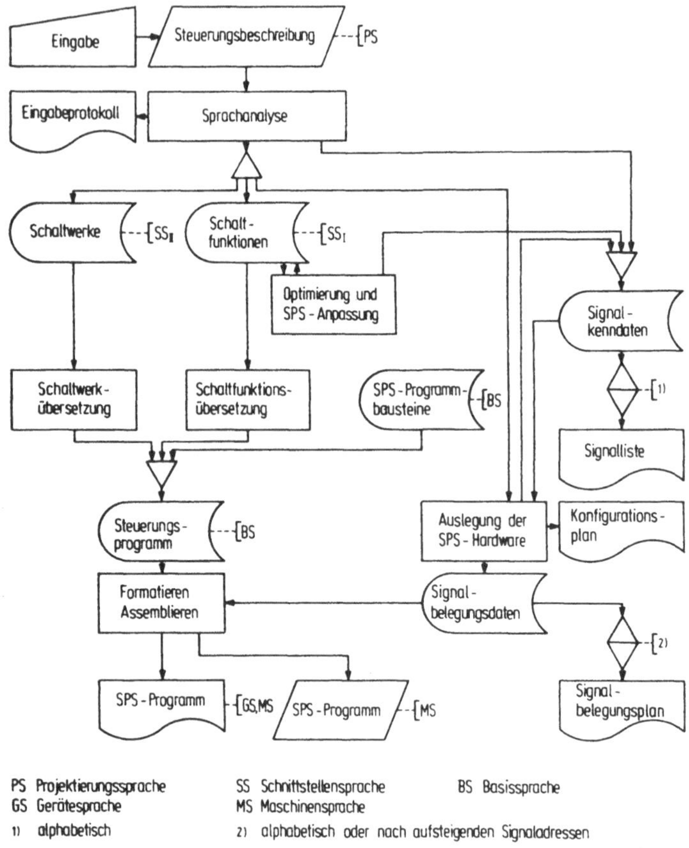

Bild 5-1: Informationsfluß im Programmsystem RENEST

durchlaufenden Programmbausteine fest. Darüberhinaus koordiniert sie den Informationsfluß im System auf drei Ebenen:

- Übergabe der Modulparameter (COMMON-Bereich im Hauptspeicher);
- Transfer der Schnittstellendaten (Speichermedium je nach Erfordernis);
- Verwaltung der Konstruktionsdaten (Dateien im Hintergrundspeicher).

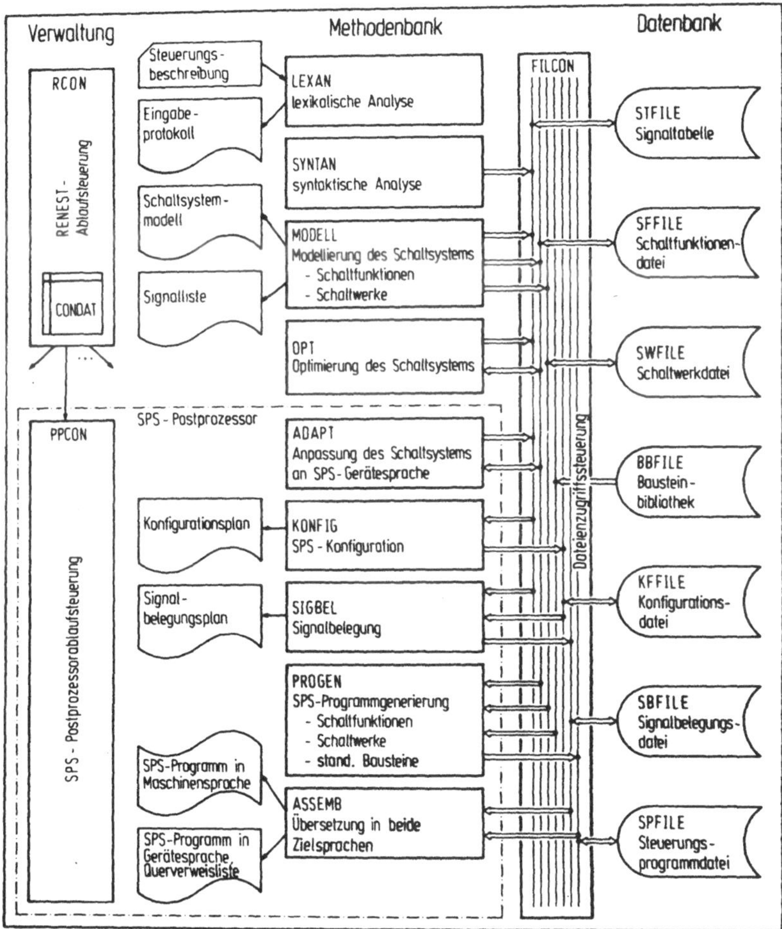

Bild 5-2: Modularer Aufbau des Programmsystems RENEST

5.2.2 Datenbank

Die RENEST-Datenbank nimmt alle im Verlauf der Projektierung ermittelten Ergebnisse auf. An sie werden hohe Anforderungen gestellt:

- Die anfallenden Datenmengen variieren bei den verschiedenen Schaltsystemen zwischen gering und sehr groß. Die Speicherbelegung muß deshalb bedarfsabhängig sein.
- Die von Datei zu Datei unterschiedlichen Datenstrukturen (vgl. Bilder 4-7, 4-8) und -formate müssen einfach zu integrieren sein.
- Eine stark schwankende Zahl der Zugriffe je Datum (Signalkenndaten groß, Schaltfunktionsdaten gering) ist einzukalkulieren.
- Die Zugriffsart kann sequentiell (Steuerungsprogrammdatei) oder wahlfrei (Signaltabelle) sein. Beim Entwurf einer schnellen Zugriffssteuerung ist die statistische Verteilung der Adressen zu beachten. So werden beispielsweise während der Übersetzung einer Schaltfunktion nur die Daten in einem zusammenhängenden Speicherbereich mit der durchschnittlichen Spanne von 35 Worten adressiert, und zwar völlig wahlfrei.
- Das Zeitverhalten insgesamt darf den Programmablauf nicht beeinträchtigen. Den Haupteinfluß hierauf nehmen die Zahl, Art und Dauer der Zugriffe.
- Alle wichtigen Zugriffstechniken (adressenorientiert: direkt anwählen; inhaltsorientiert: suchen, einordnen, sortieren) müssen möglich sein. Beispiel: Verwaltung der Signaltabelle.
- Gleiches gilt für die verschiedenen Arten der Datenbehandlung (abfragen, eintragen, verändern, löschen).
- Schließlich ist eine einheitliche Struktur anzustreben, um den Entwicklungs- und Implementierungsaufwand gering zu halten.

Bei der Systemkonzeption konnte nicht auf ein allgemein verfügbares Softwarepaket mit den geforderten Merkmalen zurückgegriffen werden. Eine Neuentwicklung war unumgänglich. Bei der Gegenüberstellung einiger in Frage kommender Datenbankstrukturen erwies sich die in Bild 5-3 skizzierte als besonders zweckmäßig. Die wichtigsten Eigenschaften sind:

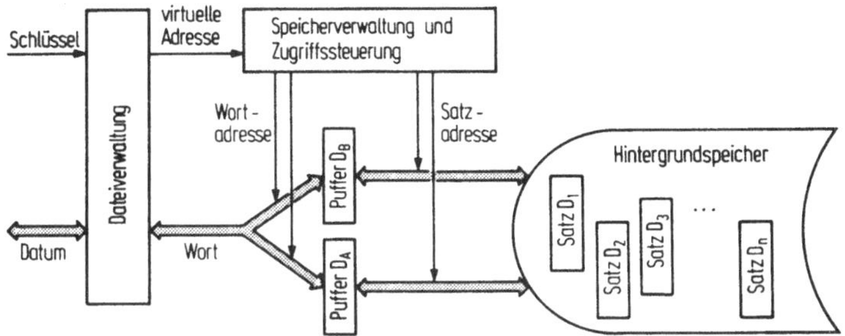

<u>Bild 5-3:</u> Prinzipieller Aufbau der Datenbank

- Alle Dateien liegen auf einem gemeinsamen Hintergrundspeicher.
- Die Zwischenspeicherung je zweier Sätze einer Datei erfolgt in zwei Pufferfeldern im Hauptspeicher.
- Der Datenzugriff läuft über eine dateispezifische Ver-
  waltungsroutine.

Für jede Datei müssen die maximale Satzanzahl, die Satzlänge,
-initialisierung und -austauschstrategie spezifiziert werden.
Die Algorithmen für die Adreßgewinnung und Datenaufbereitung
sind individuell zu gestalten. So werden z. B. die Signalkenndaten nach dem Prinzip der gestreuten Speicherung (hash-
coding) /39/ abgelegt. Als Schlüssel dient der Signalname. Um
zeitintensive Sortiervorgänge zu vermeiden, erfolgt zusätzlich eine einfache Verkettung nach aufsteigenden absoluten
Signaladressen sowie nach der Vereinbarungsreihenfolge. Eine
Formatumwandlung erlaubt ein Ablegen der Signalkenndaten in
verdichteter Form.

5.3 <u>Erstellung von SPS-Postprozessoren</u>

Der Umfang eines SPS-Postprozessors hält sich nahezu die
Waage mit demjenigen der universell verwendbaren Systemteile.
Entsprechend groß ist auch der Entwicklungsaufwand für die
erste Version. Dieses Mißverhältnis kann auf Dauer nicht hin-

genommen werden, steht es doch einem wirtschaftlichen und flexiblen Einsatz des CAD-Systems im Wege. Man muß daher alle Möglichkeiten zur Aufwandsreduzierung nutzen. Dazu gehören:

a) die Beschränkung der Automatisierung auf das Notwendigste,
b) die Mehrfachnutzung vorhandener Programmbausteine,
c) die Vorgabe eines Entwicklungsschemas für noch fehlende Programme.

zu a): Von manchen Anwendern wird die SPS-Konfiguration und Signalbelegung grundsätzlich vor der Programmierung manuell erarbeitet. Die zugehörigen Routinen werden dann gar nicht aktiviert und es erübrigt sich, sie überhaupt zu realisieren.

zu b): Die mehrmalige Verwendung von Programmbausteinen setzt eine sorgfältig geplante modulare Systemstruktur voraus, d.h. es müssen einheitliche Schnittstellen sowie allgemeingültige Algorithmen und Datenstrukturen zugrundeliegen. Die Untersuchungen in Abschnitt 3.1 zeigen, daß man diesen Bedingungen nachkommen kann. Die Postprozessorentwicklung reduziert sich bei einer derartigen Vorgehensweise auf das Zusammenstellen einer Programmkette aus aufgabenspezifischen Moduln, von denen der Großteil direkt verfügbar ist und nur ein kleiner Rest modifiziert bzw. neu erstellt werden muß (Bild 5-4).

5.4 Merkmale der realisierten Programmoduln

5.4.1 Übersetzung der Eingabe

Die Moduln zur Eingabeübersetzung übertragen die vom Konstrukteur erarbeitete Steuerungsbeschreibung in das rechnerinterne Format. Ihr Aufbau ist geprägt durch:

- das Darstellungsprinzip (alphanumerisch, graphisch),
- die Sprachsystematik (Syntax) und
- den Bearbeitungsmodus (Stapel- oder Interaktivbetrieb).

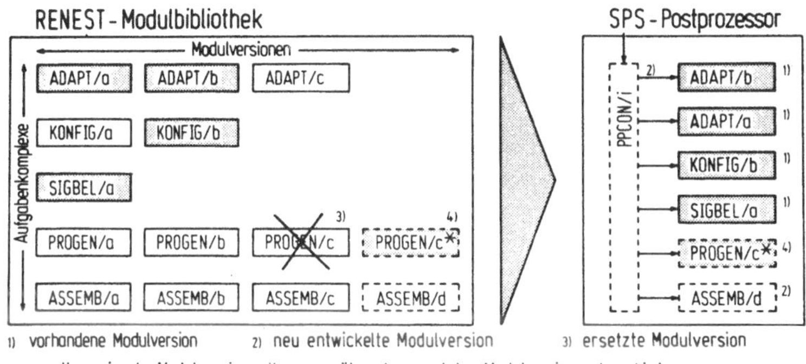

Bild 5-4: Zusammenstellen der Programmkette eines SPS-Postprozessors

Bei der Suche nach der zweckmäßigsten Eingabeform ist die
Wahl auf eine alphanumerische Sprache gefallen. Die aus-
schlaggebenden Argumente sind einerseits der Verzicht auf
spezielle, teure DVA-Peripheriegeräte gewesen, wie semigra-
phischer oder graphischer Bildschirm, Hardcopyeinheit und
Plotter, andererseits aber auch der geringere Realisierungsaufwand. Der eingeschlagene Weg bietet die Möglichkeit einer
späteren Systemerweiterung auf eine graphische Eingabe: die
Schnittstellenstruktur eignet sich nämlich für die Abbildung
von Booleschen Gleichungen ebenso gut, wie für Funktions- und
Stromlaufpläne.

Die der Definition der Projektierungssprache vorausgegangenen
Untersuchungen haben gezeigt, daß die deskriptiven und operativen Ausdrucksmittel (Vereinbarungen, Programmstruktur bzw.
Signalverknüpfungen) mit gleichartigen grammatikalischen
Konstruktionen nur sehr unvorteilhaft abzudecken sind und es
besser ist, sie auch formal auseinander zu halten. Eine
solche Zweiteilung findet natürlich auch in der programmtech-
nischen Umsetzung ihren Niederschlag. Zur Überprüfung der
Eingabe verzweigt die Berechnung je nach Anweisungsart in das
zugehörige Analyseprogramm. Daran anschließend werden die

entsprechenden Datenstrukturen eingerichtet und aufgefüllt. Der Übersetzer ruft hierzu je nach semantischem Gehalt die korrespondierenden Generierprogramme auf.

Der Bearbeitungsmodus stellt Anforderungen an den Programmablauf. Beim Stapelbetrieb genügt es, die Analyseschemata mit der Gesamtheit der Eingabedaten zu durchlaufen. Im Interaktivbetrieb ist dagegen schon bei jeder Einzelanweisung eine vollständige Überprüfung nötig, da das System im Fehlerfall sofort reagieren muß. Die zweite Organisationsform ist wegen ihrer Allgemeingültigkeit realisiert worden.

5.4.2 Aufbereitung des Schaltsystems

Die Informationsaufbereitung verteilt sich auf die Programmmoduln zur Modellbildung, Optimierung und SPS-Anpassung des Schaltsystems.

Die Hauptaufgabe der Modellierung ist die Abbildung der Schaltwerke in eine steuerungsgerechte Darstellung mit Binärsignalen. Mehrere alternative Synthesealgorithmen sind zu diesem Zweck programmtechnisch verwirklicht worden. Bei den häufig vorkommenden Funktionseinheiten mit sequentiellem Charakter (vgl. Zustandsgraphenkatalog in /27/) genügt bereits die Eingabe eines Sprachworts, um den Anstoß zur Strukturgenerierung zu geben. Als Zustandscodierung kann dabei je nach Bedarf ein ein- oder mehrschrittiger Dualcode oder der 1 aus n -Code gewählt werden. Bei den nicht katalogisierten Funktionseinheiten gibt man die Zustandsstruktur explizit dem Rechner vor. In diesem Fall ist nur die 1 aus n -Codierung möglich.

Die Algorithmen zur Optimierung und Anpassung operieren auf der Grundlage der zuvor eingerichteten Datenstrukturen. Bei der Vereinfachung von Schaltfunktionen beispielsweise werden alle benachbarten Fundamentalausdrucksätze nach und nach daraufhin untersucht, ob es sich bei ihnen um Min- bzw. Maxterme handelt, die sich zu einem kürzeren Implikanten verschmelzen lassen. Die bekannten Optimieralgorithmen enthalten alle eine Vielzahl von Vergleichen und bergen die Gefahr langer Rechenzeiten in sich. Man begegnet ihr durch den Einsatz von leistungsfähigen Vergleichsstrategien und die dem Einzelfall angemessene Begrenzung der Reichweite. Ein Problem dabei ist, daß die abgewandelten Datenstrukturen zum Teil nicht mehr in den ursprünglichen Speicherbereich passen und man sie infolgedessen verlegen muß.

5.4.3 Erzeugung und Ausgabe des Steuerungsprogramms

Auch bei der SPS-Programmgenerierung können verschiedene Verarbeitungsroutinen (vgl. Abschnitt 4.4.5) angewählt werden. Die Booleschen Schaltfunktionen lassen sich in eine lineare Anweisungsfolge übersetzen. Die Klammerauflösung ist steuerbar: Ersetzung von Ausdrücken, Klammerschachtelung oder akkumulierende Funktionsbildung sind möglich. Bei den Schaltwerken kann zwischen drei Verfahren gewählt werden:

- der Umwandlung der binären Schaltwerkstruktur in ein
  System gekoppelter Schaltfunktionen;
- der direkten Umsetzung in ein lineares Segment;
- der direkten Umsetzung in ein Segment mit zustandsabhängiger Programmverzweigung.

Die Reihenfolge der einzelnen Programmabschnitte wird von der Ablaufsteuerung bestimmt. Die Übersetzung in die Geräte- und Maschinensprache ist in der momentanen Ausbaustufe für zwei Steuerungsgeräte möglich. Die Ergebnisse werden in Listenform ausgegeben. Bild 5-5 zeigt eine Anweisungsliste mit allen interessierenden Angaben (Maschinencode, Steuerungsanweisungen mit absoluten und symbolischen Signaladressen sowie Bezeichnungen für die betreffenden Bauglieder und Anschlüsse) und die zugehörige Querverweisliste für eine SIMATIC S5-010 Steuerung von Siemens. Zur Implementierung des SPS-Programms in die Programmspeichereinheit müssen bis zu zwei EPROM-Bau-

```
ANLAGE: BEARBEITUNGSZENTRUM F740              BEARBEITER: HIR/ A1-G3
STEUERUNGSGERAET: SIMATIC S5-010                  DATUM: 24. 8.1982

STEUERUNGSPROGRAMM (ANWEISUNGSLISTE)

●●●●●●●●●●●●●●●●●●●●●●●●●●●●●●●●●●●●●●●●●●●●●●●●●●●●●●●●●●●●●●●●●●●●●●●●●●

MASCH.-   PROG.-ADRESSE   STEUERUNGS-     SIGNALNAME      SIGNAL-     STECKER-
CODE      HEX.   DEZ.     ANWEISUNG                       KENNUNG     STIFT

●●●●●●●●●●●●●●●●●●●●●●●●●●●●●●●●●●●●●●●●●●●●●●●●●●●●●●●●●●●●●●●●●●●●●●●●●●


FFFF      000    0000     NOP1


" FUNKTIONSEINHEIT: GETRI "
"""""""""""""""""""""""""""

"ZEITFUNKTIONEN"
814C      2A5    0677     U   M  76.1    GTO             M 609
DC90      2A6    0678     =   A  16.4    QT12            T 3/ 4
E410      2A7    0679     UN  E  16.4    QT12            T 3/ 4
C490      2A8    0680     U   A  16.4    QT12            T 3/ 4
9B4C      2A9    0681     =   M  76.3    TKPLU           M 611

"HILFSFUNKTIONEN"
E504      2AA    0682     UN  E   4.5    SW20            E 1/30      D28
E604      2AB    0683     UN  E   4.6    SW40            E 1/31      D30


8451      2C1    0705     U   M  81.4    QH24            M 652
9D4B      2C2    0706     =   M  75.5    ADR1            M 605

"ZUSTANDSUEBERGAENGE"
854B      2C3    0707     U   M  75.5    ADR1            M 605
A74B      2C4    0708     UN  M  75.7    SSP             M 607
844B      2C5    0709     U   M  75.4    GSO             M 604
964B      2C6    0710     S   M  75.6    GDR1            M 606
B44B      2C7    0711     R   M  75.4    GSO             M 604

A54B      2C8    0712     UN  M  75.5    ADR1            M 605
A74B      2C9    0713     UN  M  75.7    SSP             M 607
844B      2CA    0714     U   M  75.4    GSO             M 604
9B4C      2CB    0715     S   M  76.0    GDR2            M 608
B44B      2CC    0716     R   M  75.4    GSO             M 604


834C      2D7    0727     U   M  76.3    TKPLU           M 611
814C      2D8    0728     U   M  76.1    GTO             M 609
944B      2D9    0729     S   M  75.4    GSO             M 604
A14C      2DA    0730     R   M  76.1    GTO             M 609

"AUSGANGSFUNKTIONEN"
864B      2DB    0731     U   M  75.6    GDR1            M 606
D991      2DC    0732     =   A  17.1    GK1             A 3/ 2         7 4

804C      2DD    0733     U   M  76.0    GDR2            M 608
D491      2DE    0734     =   A  17.2    GK2             A 3/ 3         7 6



QUERVERWEISLISTE

●●●●●●●●●●●●●●●●●●●●●●●●●●●●●●●●●●●●●●●●●●●●●●●●●●●●●●●●●●●●●●●●●●●●●●●●●●
●                    ●                                                ●
●   SIGNALNAME   ●          PROGRAMMADRESSE UND ANWEISUNGSTYP          ●
●                    ●                                                ●
●●●●●●●●●●●●●●●●●●●●●●●●●●●●●●●●●●●●●●●●●●●●●●●●●●●●●●●●●●●●●●●●●●●●●●●●●●
●                                                                     ●
●  A10DW          20 =         25 UN        32 UN        39 UN    46 UN ●
●                 53 UN        60 UN        67 UN        72 UN    77 UN ●
●  ADR1          706 =        707 U        712 UN                      ●
●  AESIG         265 =        498 O        619 ON       628 U          ●
●  ASTST         654 =                                                 ●
```

Bild 5-5: Ergebnisprotokoll (Anweisungsliste mit Querverweisliste)

steine des Typs 2716 beschrieben werden. Dies geschieht am besten auf einem Universal-PROM-Programmiergerät. Die Daten werden zu diesem Zweck im INTEL INTELLEC 8/MDS-Format /47/ vom CAD-Rechner über eine V.24-Schnittstelle dorthin übertragen. Zur Archivierung besteht die Möglichkeit, das Programm auf Lochstreifen auszugeben.

5.4.4 SPS-Konfiguration und Signalbelegung

Auch für die Auslegung und Gestaltung der SPS-Hardware stellt das Programmsystem RENEST einige Moduln zur Verfügung. Diese sind mit freizügigen Eingriffsmöglichkeiten ausgestattet und decken daher die ganze Spanne von der rein manuellen bis hin zur vollen automatischen Bearbeitung ab.

Die Ermittlung der Steuerungskonfiguration beginnt mit dem Erfassen aller signalführenden Bauglieder, führt über das qualitative und quantitative Zusammenstellen der peripheren Baueinheiten und endet mit dem Erstellen eines Bestückungsplans. Die zugrundeliegende Datenstruktur ist bei allen Postprozessoren identisch. Die Anpassung an das jeweilige Gerät geschieht durch Initialisierung mit den entsprechenden SPS-Systemparametern. Die rechnerunterstützte Konfiguration erstreckt sich auf alle baulichen Komponenten eines Steuerungsgeräts (Bild 5-6).

Die Signalbelegung wird iterativ erarbeitet. Manuelle Eingriffe wirken sich nur auf die davon berührten Signale aus. Die übrige automatische Zuordnung bleibt unbeeinflußt. Der Signalbelegungsplan kann je nach Bedarf alphabetisch oder nach aufsteigenden Signaladressen sortiert ausgedruckt werden (Bild 5-7).

```
KONFIGURATIONSPLAN

***************************************************************************
 *                                                                       *
 *                          ZENTRALEINHEIT                               *
 *                                                                       *
***************************************************************************

GEHAEUSE MIT 7 EINBAUPLAETZEN FUER PERIPHERIEBAUGRUPPEN
BESTELLNUMMER: 6ES5 710-0AR31

ZENTRALBAUGRUPPE
BESTELLNUMMER: 6ES5 900-0AA11

PROGRAMMSPEICHERMODUL FUER 2K ANWEISUNGEN
BESTELLNUMMER: 6ES5 910-0AA01

PROGRAMMLAENGE:          1947 ANWEISUNGEN
ZYKLUSZEIT:              31.15MS
EXTERNE STROMVERSORGUNG: 24V / 29.9A
                         DIE STROMAUFNAHME DER AUSGAENGE IST DABEI MIT
                         DEM GLEICHZEITIGKEITSFAKTOR 0.50 BEWERTET

***************************************************************************
 *                                                                       *
 *                          EINGABEEINHEIT                               *
 *                                                                       *
***************************************************************************


DIGITALEINGABE-ZEITBAUGRUPPE
BESTELLNUMMER: 6ES5 400-0AA11

BAUGRUPPENKENNUNG: E 3                   BAUGRUPPENTYP:          ETYP/1

EINSTELLUNG DER BAUGRUPPENKENNUNG:       LOETBRUECKE   A - B  ENTFERNT
                                         LOETBRUECKE   A - C  EINGELEGT
AUSSTATTUNG:
     4 EINGAENGE 24V/0.01A/ALARMBILDUNG  SIGNALTYP:              ETYP/2
                                         KENNUNGEN:        E3/1 - E3/4
    36 EINGAENGE 24V/0.01A               SIGNALTYP:              ETYP/1
                                         KENNUNGEN:        E3/5 - E3/40
     4 ZEITSTUFEN (ZEITEN: 0.01 - 100S)  KENNUNGEN:        T3/1 - T3/4

EINSTELLUNG DER ZEITSTUFEN:
     ZEITSTUFE T3/1:     0.85S   (STUFENSCHALTER UND POTENTIOMETER: T0)
     ZEITSTUFE T3/2:     0.15S   (STUFENSCHALTER UND POTENTIOMETER: T1)
     ZEITSTUFE T3/3:     0.15S   (STUFENSCHALTER UND POTENTIOMETER: T2)
     ZEITSTUFE T3/4:     0.30S   (STUFENSCHALTER UND POTENTIOMETER: T3)

AUSNUTZUNG:
     2 VON  4 EINGAENGEN (ETYP/2) BELEGT
    26 VON 36 EINGAENGEN (ETYP/1) BELEGT
     4 VON  4 ZEITSTUFEN BELEGT

***************************************************************************
 *                                                                       *
 *                          AUSGABEEINHEIT                               *
 *                                                                       *
***************************************************************************

DIGITALAUSGABEBAUGRUPPE
BESTELLNUMMER: 6ES5 410-0AA11

BAUGRUPPENKENNUNG: A 1                   BAUGRUPPENTYP:          ATYP/2

EINSTELLUNG DER BAUGRUPPENKENNUNG:       LOETBRUECKE   A - B  ENTFERNT
                                         LOETBRUECKE   A - C  ENTFERNT
```

Bild 5-6: Konfigurationsplan

```
SIGNALBELEGUNGSPLAN (NACH AUFSTEIGENDEN SIGNALADRESSEN SORTIERT)

****************************************************************************
*                                                                          *
*   SIGNALNAME    TYP     KENNUNG STIFT SIGNALADR.  VARIABLENART       BIT  *
*                                                                          *
****************************************************************************
*                                                                          *
*  QT1                    T 1/ 1            E   0.1  ZEITSTUFENVARIABLE   1  *
*                                          +A  0.1                          *
*  QT2                    T 1/ 2            E   0.2  ZEITSTUFENVARIABLE   1  *
*                                          +A  0.2                          *
*  QT3                    T 1/ 3            E   0.3  ZEITSTUFENVARIABLE   1  *
*                                          +A  0.3                          *
*  QT4                    T 1/ 4            E   0.4  ZEITSTUFENVARIABLE   1  *
*                                          +A  0.4                          *
*  MAEND       ETYP/2    E 1/ 1  D 2        E   1.0  EINGANGSVARIABLE     1  *
*  TAEND       ETYP/2    E 1/ 2  D 4        E   1.1  EINGANGSVARIABLE     1  *
*  SAEND       ETYP/2    E 1/ 3  D 6        E   1.2  EINGANGSVARIABLE     1  *
*  NOTE        ETYP/2   *E 1/ 4  D 8        E   1.3  EINGANGSVARIABLE     1  *
*  MW1         ETYP/1   *E 1/ 5  D10        E   1.4  EINGANGSVARIABLE     1  *
*  MW2         ETYP/1   *E 1/ 6  D12        E   1.5  EINGANGSVARIABLE     1  *
*  MW4         ETYP/1   *E 1/ 7  D14        E   1.6  EINGANGSVARIABLE     1  *
*  MW8         ETYP/1   *E 1/ 8  D16        E   1.7  EINGANGSVARIABLE     1  *
*  MW10        ETYP/1   *E 1/ 9  B 2        E   2.0  EINGANGSVARIABLE     1  *
*  MW20        ETYP/1   *E 1/10  B 4        E   2.1  EINGANGSVARIABLE     1  *
*  MW40        ETYP/1   *E 1/11  B 6        E   2.2  EINGANGSVARIABLE     1  *
*  MW80        ETYP/1   *E 1/12  B 8        E   2.3  EINGANGSVARIABLE     1  *
*  KNOT        ETYP/1    E 1/13  B10        E   2.4  EINGANGSVARIABLE     1  *
*  NCVSH       ETYP/1    E 1/14  B12        E   2.5  EINGANGSVARIABLE     1  *
*  LAMTE       ETYP/1    E 1/15  B14        E   2.6  EINGANGSVARIABLE     1  *
 ~~~~~~~~~~~~~~~~~~~~~~~~~~~~~~~~~~~~~~~~~~~~~~~~~~~~~~~~~~~~~~~~~~~~~~~~~~~~~

 ~~~~~~~~~~~~~~~~~~~~~~~~~~~~~~~~~~~~~~~~~~~~~~~~~~~~~~~~~~~~~~~~~~~~~~~~~~~~~
*  QH93        MTYP/1    M 652             M 81.4  INTERNE HILFSVARIABLE 1  *
*  QH94        MTYP/1    M 653             M 81.5  INTERNE HILFSVARIABLE 1  *
*                                                                          *
****************************************************************************

MIT * MARKIERTE KENNUNGEN SIND DURCH BELEGUNGSANWEISUNGEN BESTIMMT
```

Bild 5-7: Signalbelegungsplan

6 Einsatz des Programmsystems

Die bisher angestellten Überlegungen sollen abschließend noch an einem Beispiel aus der Praxis veranschaulicht werden.

6.1 Steuerungsaufgabe

Bei der zu steuernden Fertigungseinrichtung handelt es sich um ein numerisch gesteuertes Bearbeitungszentrum in Vertikalbauart. Die mechanische Konstruktion der Maschine beruht auf einfachen und damit preisgünstigen Lösungen. Man erkennt dies beispielsweise am Konzept des Werkzeugspeichers. Er besteht aus einem Kettenmagazin mit nur einer Umlaufrichtung und fester BCD-Platzcodierung. Das Bereitstellen der Werkzeuge geschieht über eine Abschaltregelung. Für die Werkzeugübergabe genügen die beiden Funktionseinheiten "Greifer ausfahren" und "Greifer schwenken", da auch die Z-Achse daran mitwirkt.

Die Aufgaben der Funktionssteuerung erstrecken sich auf:

- den Austausch von Signalen mit dem Bedienfeld,
- die Anpassung an eine 3-Achsen CNC-Bahnsteuerung,
- die Drehzahleinstellung an der Hauptspindel,
- die Verwaltung des Werkzeugspeichers und -wechslers,
- die Steuerung der Werkstückpalettenwechseleinrichtung,
- die Ingangsetzung der Hilfseinrichtungen (Späneförderer, Kühlmittelversorgung etc.),
- die Positionierung eines Drehtisches mit Kreisteilung.

6.2 Rechnerunterstützte Projektierung der Steuerung

Bei der Entwicklung geht man von den konstruktiven und funktionellen Vorgaben aus. Im ersten Schritt wird die Steuerungsstruktur erarbeitet. Die aufgabenmäßige Einteilung steht dabei im Vordergrund; bei ihr bezieht man von vornherein auch alle Ausstattungsvarianten der Maschine mit ein. Der modulare Maschinenaufbau findet damit in der Steuerung eine Entspre-

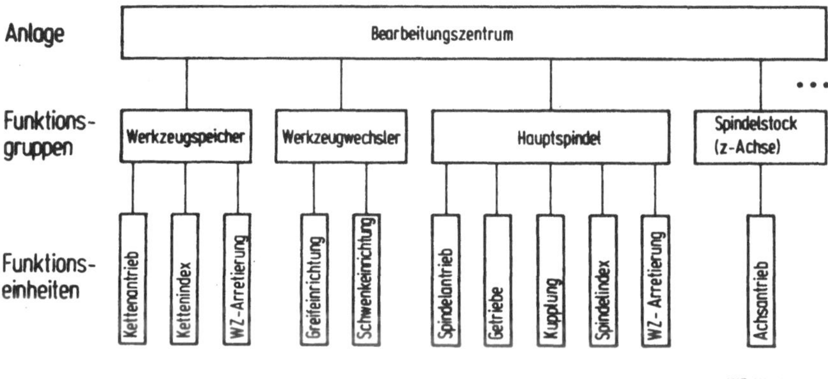

Bild 6-1: Funktionelle Gliederung der Steuerungsaufgabe
(soweit für Werkzeughandhabung von Bedeutung)

chung. In Bild 6-1 ist ein Teil der Gliederung in Funktionsgruppen und Funktionseinheiten skizziert.

Nun gilt es, unter Berücksichtigung des Bedienungskonzepts
und der unveränderlichen Arbeitsabläufe die Funktionsweise zu
klären und festzuschreiben. Die Schaltfunktionen werden in
algebraischer Darstellung notiert, die einzelnen Schaltwerke
in Form von Zustandsgraphen (vgl. Bilder 3-9 und 3-10). Das
Zusammenwirken der einzelnen Funktionseinheiten wird mit
Hilfe von übergeordneten Abläufen /8,29/ gesteuert. In Bild
6-2 ist dies am Beispiel der Spindeldrehzahleinstellung zu
erkennen. Der Ablauf selbst ist oben gezeigt, darunter die
beiden zugehörigen Funktionseinheiten "Getriebe" und "Kupp-
lung" mit jeweils sequentiellem Verhalten. Die Ansteuerung
des Spindelantriebs hat rein kombinatorischen Charakter und
wird deshalb nicht bildlich wiedergegeben. Die Verkettung der
einzelnen Graphen ist in Anlehnung an /8/ mit gestrichelten
Pfeilen dargestellt; auf die dort vorgeschlagene, dazwischen-
geschobene Merkerebene wird jedoch verzichtet. Sie bietet
hier keine Vorteile.

Die Anwendung des Programmsystems RENEST bestätigt folgendes:
Die Hardwareprojektierung wird dem Anwender bis auf die Aus-

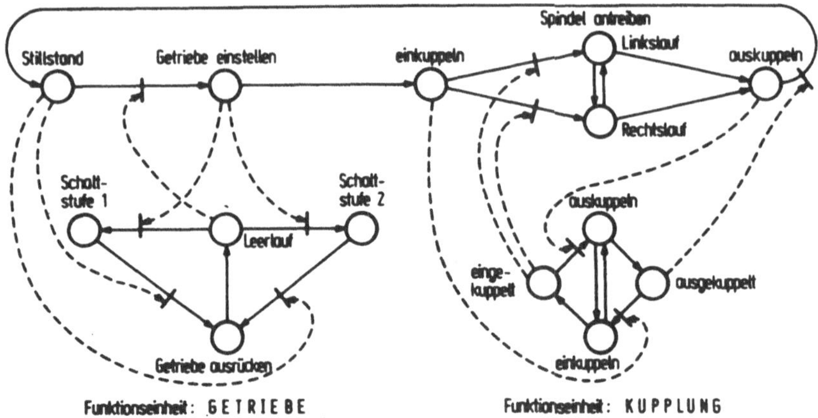

Bild 6-2: Zustandsgraphen zur Steuerung der Spindeldrehzahl

wahl des SPS-Geräts, weitgehend abgenommen. Anhand der automatisch erstellten Baugruppenkonfiguration und Signalbelegung können die Montageunterlagen leicht erstellt werden. Bei der Software liegt das Schwergewicht beim theoretischen Entwurf. Die aufbereitete Steuerungbeschreibung ist in weniger als fünf Stunden in die Projektierungssprache (309 RENEST-Anweiweisungen) übertragen und in den CAD-Rechner eingegeben. Nach weiteren acht Minuten liegt das vollständige Ergebnis in ausgedruckter Form vor: Ein SPS-Programm mit 1947 Steuerungsanweisungen einschließlich der dazugehörigen Hardwarepläne. Einige Änderungswünsche bei der Signalbelegung sind nach einem zweiten Rechenlauf bereits berücksichtigt. Bei der Inbetriebnahme erweist sich die transparente Übersetzung als großer Vorteil. Die Anweisungen der Projektierungssprache werden im SPS-Programm sofort wiedererkannt und sind somit einer Überprüfung zugänglich. Als störend wird die Tatsache empfunden, daß kleine Änderungen einerseits auf dem Gerätesprachniveau vorzunehmen sind und andererseits auch im Quellprogramm nachgeführt werden müssen. Dieses Problem wird sich erst dann nicht mehr stellen, wenn die CAD-Rechner transportierbar werden und somit auch all die Aufgaben übernehmen können, die bislang noch den SPS-Programmiergeräten vorbehalten sind.

7 Zusammenfassung

An die Projektierung von speicherprogrammierten Steuerungsgeräten werden heute hohe Anforderungen bezüglich Qualität,
Flexibilität, Entwicklungsdauer und Wirtschaftlichkeit gestellt. Mit zunehmender Komplexität der Fertigungseinrichtungen können diese in konventioneller Vorgehensweise nicht
mehr zufriedenstellend erfüllt werden. Durch den Einsatz der
elektronischen Datenverarbeitung einerseits und leistungsfähigen Entwurfsverfahren andererseits ist dieser Problematik jedoch wirksam zu begegnen. In der vorliegenden Abhandlung wird ein entsprechendes Lösungskonzept entwickelt
und in Form eines Programmsystems verwirklicht.

Ausgehend von einer Bestandsaufnahme steuerungstechnischer
Aufgabenstellungen bei Fertigungseinrichtungen wird zunächst
der zu unterstützende Projektierungsbereich abgegrenzt. Eine
kritische Betrachtung der gegenwärtigen industriellen Ent-
wurfspraxis und eine Erörterung von leistungssteigernden An-
sätzen schließt sich an. Die gewonnenen Erkenntnisse finden
in der Vorgabe der Systemeigenschaften ihren Niederschlag.
Das Hauptziel ist, unterschiedliche speicherprogrammierte
Steuerungsgeräte auf methodisch einheitliche Weise konfi-
gurieren und programmieren zu können. Bezüglich der Steuerungshardware soll sich die Rechnerunterstützung auf die
Auslegungs- und Dimensionierungsaufgaben erstrecken, bei der
Software auf den theoretischen Entwurf von Varianten- bzw.
Neuentwicklungen und die SPS-spezifische Ausarbeitung.

Um das Programmsystem konzipieren zu können, werden in einem
weiteren Kapitel die grundlegenden Anforderungen von Seiten
der SPS-Gerätetechnik und der Projektierungsmethode geklärt.
Dabei erweist es sich als zweckmäßig, für die Betrachtungen
eine Modell-SPS zu definieren.

Im Mittelpunkt der Ausführungen steht die Herleitung von
rechnergerechten Verfahren. Es werden zunächst die Vor- und

Nachteile einiger in Frage kommender Programmstrukturen aufgezeigt, danach die als Datenschnittstellen wirkenden Sprachen entsprechend den bestehenden Anforderungen definiert. Schließlich wird auf die Algorithmen zur Übersetzung der Steuerungbeschreibung und zur Festlegung der SPS-Baueinheiten näher eingegangen.

Die rechentechnische Realisierung und der praktische Einsatz des Projektierungssystems sind die Themen der beiden letzten Kapitel. Der modulare Programmaufbau wird dort vorgestellt. Eine Schilderung der wichtigsten Merkmale verdeutlicht die Leistungsfähigkeit der einzelnen Moduln. Zum Schluß kann man noch die Einsatzmöglichkeiten und die Handhabung des Systems an einem Anwendungsbeispiel verfolgen. Es behandelt die rechnerunterstützte Entwicklung der Funktionssteuerung eines numerisch gesteuerten Bearbeitungszentrums.

Schrifttum

/1/ Kleim, D.;   Programmierbare Steuerungen.
    Wolfgarten, W.   Düsseldorf: VDI-Verlag, 1975

/2/ Jetter, H.   Programmierbare Steuerungen.
                        ISW 15. Berlin, Heidelberg, New York:
                        Springer-Verlag, 1976.

/3/ Stute, G.   Der Einfluß neuer Steuerungsentwick-
                        lungen auf die Fertigungstechnik.
                        wt-Z. f. ind. Fertig. 70 (1980) Nr.4,
                        S.261...271.

/4/ Mombauer, N.   Projektierung und Realisierung von PC-
                        Steuerungen.
                        In: VDI-Bericht 327, S.14...18.
                        Düsseldorf: VDI-Verlag, 1978.

/5/ Stute, G.   Steuerungstechnik.
                        Berlin, Heidelberg, New York:
                        Springer-Verlag, 1981.

/6/   DIN 57 113 / VDE 0113. VDE-Bestimmungen
                        für elektrische Ausrüstung von Bearbei-
                        tungs- und Verarbeitungsmaschinen mit
                        Nennspannungen bis 1000V.
                        Dezember 1973.

/7/ Seck, A.   Sicherheitsforderungen an programmier-
                        bare Steuerungen (PC) nach VDE 0113.
                        In: VDI-Bericht 327, S.47...53.
                        Düsseldorf: VDI-Verlag, 1978.

/8/ Herrscher, A.   Flexible Fertigungssysteme, Entwurf und
                       Realisierung prozeßnaher Steuerungsfunk-
                       tionen.
                       ISW 39. Berlin, Heidelberg, New York:
                       Springer-Verlag, 1982.

/9/ Weck, M.   Werkzeugmaschinen, Band 3, Automatisie-
                       rung und Steuerungstechnik.
                       Düsseldorf: VDI-Verlag, 1978.

/10/   DIN 19 237 (Vornorm). Steuerungstechnik;
                       Begriffe. Februar 1980.

/11/   DIN 19 226. Regelungstechnik und Steue-
                       rungstechnik; Begriffe und Benennungen.
                       Mai 1968.

/12/ Bochmann, D.   Einführung in die strukturelle Automa-
                       tentheorie.
                       München, Wien: Carl Hanser Verlag, 1975.

/13/ Giloi, W.;   Logischer Entwurf digitaler Systeme.
     Liebig, H.   Berlin, Heidelberg, New York:
                       Springer-Verlag, 1973.

/14/ Fasol, K.H.;   Synthese industrieller Steuerungen.
     Vingron, P.   München, Wien: Oldenbourg Verlag, 1975.

/15/ König, H.   Entwurf und Strukturanalyse von Steue-
                       rungen für Fertigungseinrichtungen.
                       ISW 13. Berlin, Heidelberg, New York:
                       Springer-Verlag, 1976.

/16/ Renn, W.   Programmiergerät für eine programmier-
                       bare Steuerung.
                       Essen: W. Girardet-Verlag, HGF-Kurzbe-
                       richte (Loseblattsammlung), Blatt 80/14,
                       1980.

/17/ Geser, F. Assembler für PC.
Essen: W. Girardet-Verlag, HGF-Kurzbe-
richte (Loseblattsammlung), Blatt 80/22,
1980.

/18/ DIN 19 239 (Entwurf). Steuerungstechnik;
Speicherprogrammierte Steuerungen,
Programmierung. April 1981.

/19/ Eberle, M. Rationelle Erstellung von Software und
Dokumentation für SIMATIC S31-Steue-
rungen über Mini-Computer.
In: VDI-Bericht 327, S.81...83.
Düsseldorf: VDI-Verlag, 1978.

/20/ Hahn, R. Speicherprogrammierte Steuerungen in
starkstromnaher Ausführung für kleinere
Aufgaben. S.-A. aus: VDI-Z 120 (1978)
Nr. 23, S.1115...1118.

/21/ Storr, A. Automatisierung des betrieblichen Infor-
mationsflusses II, EDV-Anwendung in der
Konstruktion. Vorlesungsmanuskript.
Universität Stuttgart, 1982.

/22/ Besslich, P.; Methoden zum rechnergestützten Entwurf
    Neumann, K.; von Schaltnetzen.
    Schmidhuber, R. NTZ 30 (1977) H.9, S.707.

/23/ Zander, H.J.; RENDIS - ein universelles Programmsystem
    Oberst, E.; zum rechnergestützten Entwurf digitaler
    Hummitzsch, P. Steuerungen.
msr 16 (1973) H.4, S.142...144;
msr 16 (1973) H.7, S.281...284.

120

/24/ Mehring, P.   Zur Problematik von Entwurfssystemen aus industrieller Sicht.
In: Entwurf digitaler Steuerungen, S.176...185.
Berlin, Heidelberg, New York: Springer-Verlag, 1979.

/25/ Spur, G.;
     Nehab, M.   Sprachübersetzer für Ablaufprogramme in Rechnersteuerungen.
VDW-Forschungsbericht 0206.
Frankfurt/Main: Verein Deutscher Werkzeugmaschinenfabriken e.V., 1980.

/26/ Noppen, R.   Technische Datenverarbeitung bei der Planung und Fertigung industrieller Erzeugnisse.
In: Methoden für die rechnerunterstützte Entwicklung und Konstruktion. S.2...19.
Berlin, Heidelberg, New York: Springer-Verlag, 1977.

/27/ Stute, G.;
     Rieger, K.-H.;
     Schimmele, A.   Rechnerunterstützter Entwurf elektrischer Steuerungen für Fertigungseinrichtungen.
CAD-Bericht KfK-CAD 154. Karlsruhe: Kernforschungszentrum Karlsruhe GmbH, 1980.

/28/ Ackermannn, U.   Rechnerunterstützte Auswahl elektrischer Antriebe für spanende Werkzeugmaschinen.
ISW 36. Berlin, Heidelberg, New York: Springer-Verlag, 1981.

/29/ Schimmele, A.;   Rechnerunterstützter Entwurf von Funktionssteuerungen für Fertigungseinrichtungen.
ISW 41. Berlin, Heidelberg, New York: Springer-Verlag, 1982.

/30/ Mombauer, N.;   Programmierbare Steuerungen (PC); Funk-
     Klingenberg, G.   tion, Einsatzbereiche, Anwendererfah-
                         rungen. Aachen: WZL-Selbstverlag, 1976.

/31/   DIN 40 700, Teil 14. Schaltzeichen;
                         Digitale Informationsverarbeitung.
                         Juli 1976.

/32/   DIN 40 719. Schaltungsunterlagen;
                         Teil 2: Kennzeichnung von elektrischen
                         Betriebsmitteln. Juni 1978.
                         Teil 3: Regeln für Stromlaufpläne der
                         Elektrotechnik. April 1979.
                         Teil 6: Regeln und graphische Symbole
                         für Funktionspläne. März 1977.

/33/   DIN 66 000. Mathematische Zeichen der
                         Schaltalgebra. Juni 1975.

/34/   DIN 66 001. Informationsverarbeitung;
                         Sinnbilder für Datenfluß- u. Programm-
                         ablaufpläne. September 1977.

/35/ Wörn, H.   Numerische Steuersysteme. Aufbau und
                         Schnittstellen eines Mehrprozessor-
                         steuersystems.
                         ISW 27. Berlin, Heidelberg, New York:
                         Springer-Verlag, 1979.

/36/ Goedecke, W. D.   Programmeingabe, -analyse und -korrektur
                         beim rechnergestützten Entwurf von Ab-
                         laufsteuerungen.
                         In: Entwurf digitaler Steuerungen,
                         S.147...168.
                         Berlin, Heidelberg, New York:
                         Springer-Verlag, 1979.

/37/ Rieger, K.-H.;   Algorithmen zur Generierung von Program-
     Schimmele, A.   men für speicherprogrammierte Steue-
                      rungen.
                      Essen: W. Girardet-Verlag, HGF-Kurzbe-
                      richte (Loseblattsammlung), Blatt 80/54,
                      1980.

/38/ Krause, F.-L.   Methoden zur Gestaltung von CAD-Systemen.
                      Berlin: Technische Universität Berlin,
                      Dr.-Ing. Diss., 1976.

/39/ Mühlbacher, J.   Datenstrukturen.
                      München, Wien: Carl Hanser-Verlag, 1975.

/40/ Mehlhorn, K.   Effiziente Algorithmen.
                      Stuttgart: Teubner, 1977.

/41/ Kopetz, H.   Softwarezuverlässigkeit.
                      München, Wien: Carl Hanser-Verlag, 1976.

/42/   DIN 44 300 (Entwurf). Informationsver-
                      arbeitung; Begriffe. März 1982.

/43/ Bachmann, P.   Grundlagen der Compilertechnik.
                      München, Wien: Oldenbourg Verlag, 1975.

/44/ Stute, G.;   Strukturierung von Programmketten am Bei-
     Holtz, K.   spiel CAD, Anwendung Hydraulik.
                      In: Strukturierungsmethode und Computer,
                      VDMA-Bericht BwI 101.
                      Frankfurt/Main: Maschinenbau-Verlag,
                      1978.

/45/ Herschel, R.   Einführung in die Theorie der Automaten,
                      Sprachen und Algorithmen.
                      München, Wien: Oldenbourg Verlag, 1974.

/46/ Heim, K.   Schaltungsalgebra.
                       Berlin, München: Siemens AG, 1969.

/47/   System 19, Technical Data.
                       Data I/0 Corporation, 1979.

/48/ Heck, K.-P.;   Rechnerunterstützter Entwurf von Funk-
     Rieger, K.-H.;   tionssteuerungen.
     Schimmele, A.   Essen: W. Girardet-Verlag, HGF-Kurzbe-
                       richte (Loseblattsammlung), Blatt 78/24,
                       1978.

Berichte aus dem Institut für Steuerungstechnik der Werkzeugmaschinen und Fertigungseinrichtungen der Universität Stuttgart

Herausgegeben von Prof. Dr.-Ing. G. Stute †

Erschienen:

ISW 1 bis ISW 37 vergriffen

ISW 1:	D. Schmid, Numerische Bahnsteuerung, 89 S., 1972
ISW 2:	H. Schwegler, Fräsbearbeitung gekrümmter Flächen, 111 S., 1972
ISW 3:	J. Eisinger, Numerisch gesteuerte Mehrachsenfräsmaschinen, 90 S., 1972
ISW 4:	R. Nann, Rechnersteuerung von Fertigungseinrichtungen, 125 S., 1972
ISW 5:	G. Augsten, Zweiachsige Nachformeinrichtungen, 140 S., 1972
ISW 6:	B. Karl, Die Automatisierung der Fertigungsvorbereitung durch NC-Programmierung, 121 S., 1972
ISW 7:	H. Eitel, NC-Programmiersystem, 117 S., 1973
ISW 8:	E. Knorr, Numerische Bahnsteuerung zur Erzeugung von Raumkurven auf rotationssymmetrischen Körpern, 131 S., 1973
ISW 9:	S. Bumiller, Viskohydraulischer Vorschubantrieb, 123 S., 1974
ISW 10:	K. Maier, Grenzregelung an Werkzeugmaschinen, 139 S., 1974
ISW 11:	J. Waelkens, NC-Programmierung, 159 S., 1974
ISW 12:	E. Bauer, Rechnerdirektsteuerung von Fertigungseinrichtungen, 138 S., 1975
IWS 13:	H. König, Entwurf und Strukturtheorie von Steuerungen für Fertigungseinrichtungen, 206 S., 1976
ISW 14:	H. Damsohn, Fünfachsiges NC-Fräsen, 143 S., 1976
ISW 15:	H. Jetter, Programmierbare Steuerungen, 141 S., 1976
ISW 16:	H. Henning, Fünfachsiges NC-Fräsen gekrümmter Flächen, 179 S., 1976
ISW 17:	K. Boelke, Analyse und Beurteilung von Lagesteuerungen für numerisch gesteuerte Werkzeugmaschinen, 106 S., 1977
ISW 18:	F.-R. Götz, Regelsystem mit Modellrückkopplung für variable Streckenverstärkung, 116 S., 1977
ISW 19:	H. Tränkle, Auswirkungen der Fehler in den Positionen der Maschinenachsen beim fünfachsigen Fräsen, 103 S., 1977
ISW 20:	P. Stof, Untersuchungen über die Reduzierung dynamischer Bahnabweichungen bei numerisch gesteuerten Werkzeugmaschinen, 118 S., 1978
ISW 21:	R. Wilhelm, Planung und Auslegung des Materialflusses flexibler Fertigungssysteme, 158 S., 1978
ISW 22:	N. Kappen, Entwicklung und Einsatz einer direkten digitalen Grenzregelung für eine Fräsmaschine mit CNC, 123 S., 1979
ISW 23:	H. G. Klug, Integration automatisierter technischer Betriebsbereiche, 124 S., 1978
ISW 24:	D. Binder, Interpolation in numerischen Bahnsteuerungen, 132 S., 1979
ISW 25:	O. Klingler, Steuerung spanender Werkzeugmaschinen mit Hilfe von Grenzregeleinrichtungen (ACC), 124 S., 1979

ISW 26:   L. Schenke, Auslegung einer technologisch-geometrischen Grenzregelung für die Fräsbearbeitung, 113 S., 1979

ISW 27:   H. Wörn, Numerische Steuersysteme-Aufbau und Schnittstellen eines Mehrprozessorsteuersystems, 141 S., 1979

ISW 28:   P. B. Osofisan, Verbesserung des Datenflusses beim fünfachsigen NC-Fräsen, 104 S., 1979

ISW 29:   J. Berner, Verknüpfung fertigungstechnischer NC-Programmiersysteme, 101 S., 1979

ISW 30:   K.-H. Böbel, Rechnerunterstütze Auslegung von Vorschubantrieben, 113 S., 1979

ISW 31:   W. Dreher, NC-gerechte Beschreibung von Werkstücken in fertigungstechnisch orientierten Programmiersystemen, 105 S., 1980

ISW 32:   R. Schurr, Rechnerunterstützte Projektierung hydrostatischer Anlagen, 115 S., 198

ISW 33:   W. Sielaff, Fünfachsiges NC-Umfangsfräsen verwundener Regelflächen. Beitrag zur Technologie und Teileprogrammierung, 97 S., 1981

ISW 34:   J. Hesselbach, Digitale Lageregelung an numerisch gesteuerten Fertigungseinrichtungen, 111 S., 1981

ISW 35:   P. Fischer, Rechnerunterstützte Erstellung von Schaltplänen am Beispiel der automatischen Hydraulikplanzeichnung, 111 S., 1981

ISW 36:   U. Ackermann, Rechnerunterstützte Auswahl elektrischer Antriebe für spanende Werkzeugmaschinen, 118 S., 1981

ISW 37:   W. Döttling, Flexible Fertigungssysteme – Steuerung und Überwachung des Fertigungsablaufs, 105 S., 1981

ISW 38:   J. Firnau, Flexible Fertigungssysteme – Entwicklung und Erprobung eines zentralen Steuersystems, 112 S., 1982

ISW 39:   A. Herrscher, Flexible Fertigungssysteme – Entwurf und Realisierung prozeßnaher Steuerungsfunktionen, 103 S., 1982

ISW 40:   U. Spieth, Numerische Steuersysteme – Hardwareaufbau und Ablaufsteuerung eines Mehrprozessorsteuersystems, 115 S., 1982.

ISW 41:   A. Schimmele, Rechnerunterstützter Entwurf von Funktionssteuerungen für Fertigungseinrichtungen, 106 S., 1982

ISW 42:   M. Sanzenbacher, NC-gerechte Beschreibung von Werkstücken mit gekrümmten Flächen, 105 S., 1982.

ISW 43:   W. Walter, Interaktive NC-Programmierung von Werkstücken mit gekrümmten Flächen, 112 S., 1982.

ISW 44:   J. Huan, Bahnregelung zur Bahnerzeugung an numerisch gesteuerten Werkzeugmaschinen, 95 S., 1982.

ISW 45:   H. Erne, Taktile Sensorführung für Handhabungseinrichtungen – Systematik und Auslegung der Steuerungen, 111 S., 1982.

ISW 46:   D. Plasch, Numerische Steuersysteme – Standardisierte Softwareschnittstellen in Mehrprozessor-Steuersystemen, 112 S., 1983

ISW 47:   Z. L. Wang, NC-Programmierung – Maschinennaher Einsatz von fertigungstechnisch orientierten Programmiersystemen, 103 S., 1983

ISW 48:   J. Schwager, Diagnose steuerungsexterner Fehler an Fertigungseinrichtungen, 121 S., 1983

ISW 49:   P. Klemm, Strukturierung von flexiblen Bediensystemen für numerische
Steuerungen, 113 S., 1984

ISW 50:   W. Runge, Simulation des dynamischen Verhaltens elektrohydraulischer
Schaltungen – Einsatz von geräteorientierten, universellen Simulationsbau-
steinen, 132 S., 1984

ISW 51:   H. Steinhilber, Planung und Realisierung von Werkzeugversorgungssystemen
für die NC-Bearbeitung, 126 S., 1984

ISW 52:   R. Ohnheiser, Integrierte Erstellung numerischer Steuerdaten für flexible
Fertigungssysteme, 115 S., 1984

ISW 53:   M. Keppeler, Führungsgrößenerzeugung für numerisch bahngesteuerte Industrie-
roboter, 125 S., 1984

ISW 54:   P. Kohler, Automatisiertes Messen mit NC-Werkzeugmaschinen, 130 S., 1985

ISW 55:   K.-H. Rieger, Rechnerunterstützte Projektierung der Hardware und Software von
speicherprogrammierten Steuerungen, 123 S., 1985

ISW 56:   G. Vogt, Digitale Regelung von Asynchronmotoren für numerisch gesteuerte
Fertigungseinrichtungen, 126 S., 1985

Springer-Verlag
Berlin · Heidelberg · New York · Tokyo